Osprey New Vanguard
オスプレイ・ミリタリー・シリーズ

「世界の軍艦イラストレイテッド」
8

ドイツ海軍の軽巡洋艦 1939-1945

[著]
ゴードン・ウィリアムソン
[カラー・イラスト]
イアン・パルマー
[訳]
手島 尚

German Light Cruisers 1939-45

Text by
Gordon Williamson
Colour Plates by
Ian Palmer

大日本絵画

目次　contents

3	前書き	INTRODUCTION
4	軽巡洋艦	THE LIGHT CRUISER
9	軽巡洋艦エムデン	KREUZER EMDEN
12	"K"クラス巡洋艦	THE K-CLASS CRUISERS
14	軽巡洋艦ケーニヒスベルク	KREUZER KÖNIGSBERG
18	軽巡洋艦カールスルーエ	KREUZER KARLSRUHE
22	軽巡洋艦ケルン	KERUZER KÖLN
35	"ライプツィヒ"クラス巡洋艦	THE LEIPZIG-CLASS CRUISERS
35	軽巡洋艦ライプツィヒ	KREUZER LEIPZIG
41	軽巡洋艦ニュルンベルク	KREUZER NÜRNBERG
45	結論	CONCLUSION
25	カラー・イラスト	
46	カラー・イラスト　解説	

◎著者紹介
ゴードン・ウィリアムソン
Gordon Williamson
1951年生まれ。現在はスコットランド土地登記所に勤務している。彼は7年間にわたり憲兵隊予備部隊に所属し、ドイツ第三帝国の勲章と受勲者についての著作をいくつか刊行し、雑誌記事も発表している。彼はオスプレイ社の第二次世界大戦に関する刊行物のいくつかの著作を担当している。

イアン・パルマー
Ian Palmer
3Dデザインの学校を卒業し、多くの出版物のイラストを担当してきた経験の高いデジタル・アーティスト。その範囲はジェームズ・ボンドのアストン・マーチンのモデリングから月面着陸の場面の再現にまでわたっている。彼と夫人は猫3匹と共にロンドンで暮らし、制作活動を続けている。

ドイツ海軍の軽巡洋艦 1939-1945
German Light Cruisers 1939-45

INTRODUCTION
前書き

　1919年4月、ドイツ政府はドイツ海軍（Reichsmarine ライヒスマリーネ）という名称の新しい海軍——帝政時代のドイツ帝国海軍に代わる組織——の創設を規定する法律を、国会の議決を経て制定した。前年11月、第一次世界大戦終結の後、ドイツ帝国海軍の大洋艦隊は連合軍の命令に従ってスカパ・フローの英国海軍の泊地に入り、碇泊していたが、6月21日にヴェルサイユ条約の最終的な条件を知らされた後、各艦の指揮官は艦隊司令官フォン＝ロイター少将から全艦自沈の命令を受けた。彼らの艦艇が連合国に使用されるようになることを阻止するためである。連合国はスカパ・フローでの大洋艦隊自沈に怒り立ち、ドイツ側の手に残っていた艦艇の大半を各国が次々に押収した。このため、この時代の最も新型で強力な艦を並べて強大な兵力を誇っていたドイツ艦隊は、軽巡洋艦と前ドレッドノート級（前ド級）戦艦の雑多な寄せ集めに変わってしまった。

　1919年6月28日にドイツが調印したヴェルサイユ条約によって、ドイツが保有することを許される軍艦は、サイズと隻数の上で厳しい制限を受けた。

　ドイツ海軍の兵力は旧式な前ドレッドノート級戦艦6隻、軽巡洋艦6隻、駆逐艦12隻、水雷艇12隻に制限された。潜水艦の保有は許されなかった。海軍の人員は合計15,000名、そのうちの士官は1,500名のみに制限された。1921年3月21日に国会を通過した国軍法には、その上に予備艦としく前ド級戦艦2隻と軽巡洋艦2隻を加えることができると定められた。

　ヴェルサイユ条約の条項は、隻数の増加はもちろん認めず、在籍艦の艦齢が20年に達した時に初めて代替艦の建造が許されると規定していた。しかし、1923年までには現役艦は戦艦2隻、ハノーヴァーとブラウンシュヴァイクのみ、軽巡洋艦5隻、駆逐艦と水雷

ニュルンベルクはドイツの軽巡洋艦の中で最も長く生き残った艦だった。これは大戦前の艦影であり、煙突の後方のカタパルトの上に、ハインケルHe60水上偵察機がはっきりと写っている。

艇20隻になっていた。人員と軍艦建造の制限を受け、それと同時に元の敵国に対する膨大な賠償支払いのための破滅的な経済的負担を国全体が背負っており、ドイツ海軍の将来の見通しは暗かった。しかし、ドイツは最優秀であり最新型の艦の大半を失ったために、彼らはいまや最新の技術を使って新艦を建造し、艦隊を再建することができる立場に置かれていた。こうして、新しいドイツ海軍は第二次大戦が始まる時までに、規模は大きくなかったが、世界で最新型の艦艇を多数保有する状態に進んだ。

　1929年から翌年にかけて、"K"クラスの新型軽巡洋艦3隻、ケーニヒスベルク、ケルン、カールスルーエが就役し、1931年にはライプツィヒも艦隊に加わった。

　1922年2月に調印されたワシントン海軍条約では、軍拡競争を抑えるために軍艦建造についての制限が合意された。主要国はすべて条約に調印したが、ドイツは会議への参加を求められなかった。しかし、ドイツがこの条約に従わなければならないことは明らかだった。この条約では軍艦は2つのカテゴリーに分類された。口径20cm以上の砲を装備した主力艦と、それ以下の口径の砲を装備した中型以下の艦であり、後者の排水量は11,900メートル・トン（10,000英トン）以内と規定された。ドイツ海軍は、後者のカテゴリーによって新しいタイプの比較的強力な艦を創り上げるチャンスがあると目をつけた。

　その次の協定、1930年4月に調印されたロンドン海軍条約は、巡洋艦を2つのクラス、重巡洋艦と軽巡洋艦に類別することを規定した。2つのクラスの巡洋艦の排水量の上限はいずれも、ワシントン条約で規定された10,000トンであり、新たな規定は排水量による区分ではなく、武装による区分だった。軽巡洋艦の主砲は口径15.5cm（6.1インチ）を上限とし、重巡洋艦は20.3cm（8インチ）を上限とされた。しかし、ドイツ海軍は条約と国内の法律によって、巡洋艦の兵力の上限を軽巡6隻と制限され、重巡についての法規の定めはなかった。

　1935年6月に英国・ドイツ海軍協定が調印され、この状況は一変した。これまでの制限は放棄され、ドイツ海軍の合計兵力は英国海軍の35パーセントを上限とするという新しい制限が設けられて、個々の艦種ごとの隻数の制限はなくなった。この協定によってドイツ海軍は実質上、ロンドン海軍条約に適合する重巡洋艦5隻——合計排水量は50,000トンをやや超える——の建造を計画することが可能になった。

"K"クラス軽巡洋艦の艦橋から艦首を見下ろした写真である。このクラスの艦の横幅の狭さが明らかにわかる。画面の下寄りには艦前部の6m測距儀が写っている。

THE LIGHT CRUISER
軽巡洋艦

主砲
Firepower

　ドイツの軽巡洋艦6隻のうち、エムデンを除いた5隻の主砲は15cm三連装砲塔3基で

"K"クラス巡洋艦の後部煙突の後方の情景。ここに装備されている8.8cm単装高角機関砲2門の砲員(白い作業服)が作業配置につき、非番の水兵(冬季の水兵服)がそれを見物している。水兵帽の飾りリボンに書かれた文字の数が多いので、この艦はケーニヒスベルクかカールスルーエであると思われる。

ある。ドイツ海軍は砲塔にアルファベットのAからDを頭文字にした人名をつけ、艦首から艦尾に向かって順番に"アントーン(Anton)"、"ブルーノ(Bruno)"、"ツェーザル(Caesar)"、"ドーラ(Dora)"と呼んだ。軽巡のうちの5隻は前甲板に"アントーン"1基のみ、後甲板に"ブルーノ"と"ツェーザル"の2基の砲塔を装備していた。

15cm砲の砲口初速は960m/秒であり、砲弾重量は45.5kg、射程は弾道による違いはあるが、最大で25,700mだった。発射速度は毎分10発である。砲身1門の重量は砲尾の機構も含めて12トンをわずかに下まわっていた。砲弾には3つのタイプがあった。TNT火薬装填量が0.9kgの徹甲弾と火薬の量が3.9kgと3kgの2種類の榴弾である。砲身の耐用限度は発射500回前後であり、それ以降は換装が必要だった。

8.8cm高角砲

軽巡洋艦に装備された8.8cm高角砲には2つの型があった。単装砲架装備のL/45と二連装砲架装備のL/76である。前者の砲口初速は790m/秒であり、後者は950m/秒である。両者とも砲弾の重量は9kg、射程は17,200mだった。

10.5cm高角砲

軽巡洋艦に装備された10.5cm二連装高角砲は戦艦や重巡洋艦と同じく、三軸安定砲架に装備されていた。この砲は砲口初速900m/秒で15.1kgの砲弾を発射した。最大射程は対水上目標で17,700m、対空中目標で12,500mである。砲身の耐用限度は発射2,950回前後とされていた。砲弾は曳光弾約240発も含めて、約6,500発が搭載されていた。

3.7cm高角機関砲

軽巡洋艦に装備されていた副次的な対空火器は、もっと大型の艦の大半の装備と同じく、3.7cm高角機関砲である。この砲は0.74kgの砲弾を砲口初速1,000m/秒で発射した。射程は水上目標に対して8,500m、空中目標に対して7,500mである。実際には毎分80発程度の発射速度で使用されていたが、理論的にはその2倍の弾数の発射が可能とされていた。軽巡に装備された3.7cm砲の基数は大戦中に何度も変わった。弾薬搭載量は1門あたり約4,000発だった。

2cm高角機関砲

この大量に製造された兵器は、Uボートから戦艦に至るまですべての種類の艦艇に装備され、単装、二連装、四連装の砲架に装備された。2cm機関砲の砲弾の重量は0.395kg、砲口初速は835m/秒、射程は水平目標に対しては4,900、空中目標に対しては3,700m

である。発射速度は理論上では1門あたり毎分280発発射が可能とされていたが、通常は毎分120発程度で使用された。これらの数字から考えると、四連装砲架は少なくとも毎分480発を発射し、800発に近い場合も多いので、この兵器を数基装備した艦艇は低高度で接近してくる敵機に雨霰のように砲弾を浴びせることができた。砲弾の搭載量は砲1門あたり3,000発程度だった。

大戦の末期にはドイツの艦艇の大半は対空火器装備をかなり強化された。それに加えて、この時期には基数は限られていたが、多くの艦艇（小型のEボートから戦艦に至るまで）にボフォース4cm高角機関砲も装備された。この砲の砲弾は0.96kg、砲口初速は854m/秒、射程は最大7,000mだった。

魚雷
Torpedoes

エムデン以外の軽巡洋艦は各々、回転式の三連装魚雷発射管を右舷と左舷に2基ずつ、合計4基装備していた。当初は50cm発射管だったが、後に一段強力な53cm発射管に換装された（エムデンは両舷に二連装各1基、合計2基）。搭載された魚雷は重量1.5トンをわずかに超え、速度は最高44ノットのG7a型だった。魚雷の搭載数は発射管に収められた12本と予備の12本である。大戦の途中で、一部の軽巡は魚雷発射管の装備数を減らし、全部取り外した艦もあった。

レーダー
Radar

ドイツ海軍は軍用レーダーシステムの開発の先頭に立っていた。Nachrichten Versuchsabteilung（NSV＝通信実験部）は早くも1929年に、水中目標を探知するソナーのタイプのシステム開発を開始した。このシステムの原理を海面上でも働かせ、1933年には13.5cmの波長の短い輻射電波のエコーを捉える原始的なシステムを開発した。1934年には新たな組織、Gesellschaft für Elektroakustische und Mechanische Apparate（GEMA＝電気音響学機械装置協会）が、この分野の技術開発を進めるために設置された。これらの2つの組織は効果的な電波探知装置を創り出そうとして、たがいに競い合った。1935年9月、海軍最高司令官レーダー提督臨席の下に波長48cm（630MHz）の装置がテストされ、練習艦ブレムセ（いささか大型の艦だったが）を目標として着実な結果を出した。

上方から眺め下ろした"K"クラス巡洋艦の"最上艦橋（フライング・ブリッジ）"。そこから側方に延びているのは、艦が岸壁や他の艦船に接舷するときに当直士官が操艦指揮のために立つ場所、張り出しブリッジである。一部の大型艦では、これは内側に折り畳まれる構造になっていたが、これらの軽巡洋艦では固定した構造物になっていた。

ケルンの艦尾から撮影したこの写真では、"ブルーノ"と"ツェーザル"の両砲塔が中心線から外れ、各々左舷と右舷とに寄った位置に装備されていたことがわかる。この配置は両砲塔を各々左舷と右舷に向けて旋回させ、艦の前方に射線を向けてゆく時、中心線に装備した場合よりも艦首近くまで射角を拡げることができると考えられたために採用された。しかし、これによって"K"クラスの艦の戦闘効率を目立って高める効果はなく、この方式の後部砲塔配置は、このクラスの艦だけで終わった。

　この装置はその後、一時、ヴェーレに装備され、この小型で目立たない艦はドイツ海軍で最初に実機能を持つレーダーを装備することになった。この装置は機能を高めるために何度も改造された末、波長は82cm（368MHz）に落ち着き、これが海軍のレーダー装置全部の標準となった。この時期から1945年にかけて製造されたドイツ海軍のレーダー装置の大半は、GEMAが有名な企業、テレフンケン、ジーメンス、ロレンツ、AEGの協力の下に開発したものである。

　ドイツ海軍のレーダーの型式呼称は驚くほど複雑に構成されていた。これは敵の情報収集活動を混乱させるために、そのようにした場合もあった。たとえば、初期の装置は本当の用途をごまかすためにDeTe（Dezimeter-Telegraphie＝デシメートル通信装置）と呼ばれた。

　初期の実用レーダーにはFMG（Funkmess-Gerät＝レーダー装置）という呼称がつけられ、それに続いて製造年度、製造会社、周波数コード、艦上での装備位置を示す暗号のような文字や数字が並んでいた。装甲艦アドミラール・グラーフ・シュペーに最初に装備された型の呼称、FMG 39G（gO）の意味は次の通りである。FMG――レーダー装置、39――1939年、G――GEMA、g――周波数335～430MHzのコード、O――装備位置が前檣楼の測距儀の上であることを示す文字。

　レーダーの技術的な開発が進むと、もっと多くの種別、分類の呼称や番号が組み込まれ、型式呼称の仕組みはいっそう複雑になった。たとえば、FuSE 80 Freyaの意味は次の通りである。Fu――Funkmess：レーダー装置、S――製造会社：ジーメンス、E――Erkennung：操作または偵察レーダー、80――開発番号、Freya――装備のコード名。

　幸いなことに、1943年に単純化された型式呼称システムが新たに導入された。海軍が使用した装置の中で、アクティブ操作レーダーにはFuMO（Funkmess-Ortung＝方向測定レーダー）、パッシブ探知レーダーにはFuMB（Funkmess-Beobachtung＝監視レーダー）の類別呼称がつけられ、この呼称の後には特定のコード番号がつけられた。軽巡洋艦の中にはレーダーなしの艦もあったが、装備されていた艦のレーダーの型はFuMO 21、FuMO 24/25、FuMO 63、FuMB 6、FuMB 4が大半を占めていた。

7

ニュルンベルクの"ブルーノ"、"ツェーザル"両砲塔。装備位置は通常通りの中心線上にもどっている。興味深いのは"ツェーザル"砲塔の側面に飾られているフォン=シュペー伯爵家の紋章である。1914年12月8日、フォン=シュペー中将が率いるドイツ海軍東洋艦隊は、南大西洋フォークランド諸島沖で優勢な英国艦隊と戦い、先代ニュルンベルクも含めたドイツ艦隊の4隻は全滅した。この海戦と戦没者を記念して、ニュルンベルクの3基の主砲塔にこの紋章が飾られていたのである。

射撃指揮管制
Fire control

"アントーン"砲塔

各艦の前部主砲砲塔は、前檣楼頂部の電動回転架構に装備された6m光学測距儀によって管制されていた。それに加えて、"アントーン"砲塔のすぐ後方、主上部構造物の前の方の部分にある前部射撃指揮所の上に、6m測距儀が装備されていた。

"ブルーノ"砲塔と"ツェーザル"砲塔

後部の主砲砲塔2基は前檣楼頂部の測距儀、または後部射撃指揮所の上に装備された測距儀のいずれかによって管制された。

高角砲

8.8cm、または10.5cm高角砲の射撃の管制のために、艦橋の左右の2基と後部射撃指揮所の上の1基、合計3基の3m測距儀が装備されていた。測距儀は甲板より下、艦内にある戦闘管制室にデータを送っていた。

艦載機
Aircraft

"K"クラスの軽巡洋艦は1935年に艦載機カタパルトを装備された。第二次大戦勃発以前のドイツ海軍の標準的な艦載機はハインケルHe60復座複葉水上機だった。この型の用途は索敵と偵察任務であり、武装は7.9mm旋回機銃1挺である。軽巡には通常2機が搭載され、1機はカタパルトの上に置かれ、1機は分解されて倉庫に収納されていた(軽巡には格納庫は設置されなかった)。第二次大戦勃発のすぐ前に、艦載機は性能の高いアラドAr196に切り換えられた。この低翼単葉の複座水上機は、旋回機銃1挺と共に前方に向けた固定式の20mm機関砲2門と7.9mm機銃1挺を装備し、50kg爆弾2発も搭載した。

艦名
Ships' names

　第二次大戦中のドイツの軍艦は歴史上の人物の名をつけたものが多かったが、軽巡洋艦はすべて都市名を艦名としていた。各艦は大戦が近くづくまでは、艦名とした都市の紋章を艦首に飾っていた。エムデンはそれに加えて、艦首正面に大きな鉄十字章を飾っていた。1914年にインド洋で通商破壊戦を展開した初代エムデンは、ココス諸島周辺で激闘の末に沈没したので、その名誉をたたえるためにこれが飾られた。

KREUZER EMDEN
軽巡洋艦エムデン

■エムデンの要目

全長　　　155.1m
全幅　　　14.3m
吃水　　　5.93m
最大排水量　6,990トン
最大速度　29.5ノット（54.6km/h）
航続距離　5,300浬（9,815km）
主砲　　　15cm砲8門（単装砲塔8基）
副砲　　　8.8cm砲3門（単装砲架3基）、後に10.5cm砲3門（単装砲架3基）
高角砲　　3.7cm機関砲4門（単装砲架4基）、2cm機関砲7門（単装砲架7基）、2cm機関砲8門（四連装砲架2基）
魚雷　　　50cm魚雷発射管4基（二連装装架2基）
艦載機　　なし
乗組員　　士官19名、下士官兵464名

艦長
フェルスター大佐　1925年10月～1928年12月
ロータル・アルナウルト・ド＝ラ＝ペリエーレ中佐　1928年12月～1930年10月
ヴィトホーフト＝エムデン中佐*　1930年10月～1932年3月
グラスマン中佐　1932年3月～1934年9月
カール・デーニッツ中佐　1934年9月～1935年9月
バッハマン中佐　1935年9月～1936年8月
ローマン大佐　1936年8月～1937年7月
ビュルクナー中佐　1937年7月～1938年6月
ヴェーファー大佐　1938年6月～1939年5月
ヴェルナー・ランゲ大佐　1939年5月～1940年8月
ミロウ大佐　1940年8月～1942年7月
フリートリヒ＝トラウゴット・シュミット大佐　1942年7月～1943年9月
ヘニクスト大佐　1943年9月～1944年3月
ハンス＝エーベルハルト・マイスナー中佐　1944年3月～1945年1月
ヴォルフガング・ケーフー大佐　1945年1月～1945年5月

　*訳注：初代エムデンの乗組員全員は姓に"エムデン"という単語を加えることを許された。この中佐は乗組員のひとり、またはその家族と思われる。

1本煙突と、その後方に装備されたカタパルト（姉妹艦であるライプツィヒは煙突の前に装備している）を見ると、この艦はニュルンベルクだとすぐに識別できる。これはハインケルHe60水上偵察機の揚収作業中の情景である。大戦前の時期、これらの艦載機は全体に薄いグレーの塗装であり、垂直尾翼にはナチスの記章、鉤十字が描かれていた。

全般的な建造のデータ
General construction date

エムデンには同型の姉妹艦はなかった。設計については連合国管理委員会により厳しい制約を受け、ドイツ帝国海軍の巡洋艦カールスルーエ（二代目）の設計概念をベースとしていた。最初、武装は当時すでに一般的になっていた二連装砲塔4基とするように意図したが、単装砲塔8基にせよという連合国側の主張に従わされた。8基の配置は以前の標準的な型式の通りに、前部と後部の中心線上に2基ずつと、前部と後部両方の主上部構造物の左右の側面に1基ずつ装備された。このレイアウトでは片舷斉射に当てることができる砲は8門全部ではなく、6門のみに限られた。

エムデンは厚さ20mmから50mmの装甲甲板と、艦側面の50mmの装甲ベルトによって防護されていた。装甲指揮塔には100mmの装甲板が用いられた。

エムデンはドイツ海軍が第一次大戦後に建造した最初の近代的な軽巡洋艦だった。1921年4月7日にヴィルヘルムスハーフェンのマリーネヴェルフト社に建造計画があたえられ、約8カ月後に竜骨を据える建造式に進んだ。建造には4年をわずかに超える期間がかかり、1925年1月7日に進水した。艤装と仕上げを完了した後、1925年10月15日にドイツ海軍に就役した。

改造
Modifications

エムデンは就役期

入港してくるエムデン。甲板には乗組員が整列している。この時期、この艦の塔状の前檣楼はまだ、高さを低くする改造を受けていない。

世界周航航海から帰還したエムデン。この艦は1938年まで遠洋航海を多く重ねた。後にドイツ海軍の高位の職についた人々の多くは、士官候補生としてエムデンによる遠洋航海を体験している。エムデンが国威発揚の航海から帰港した時には、いつも、このような熱烈な歓迎を受けた。

間の全体にわたって、ほとんど絶え間なく改造を重ねられていたように思われる。ここに取り上げたのは、目立った改造がいくつか同時に行われた場合のみである。

エムデンの最初の改造は1925～26年の冬の間に実施され、前檣楼の高さが約7m低くされ、その頂部が改造された。それと同時に、竣工時には前部煙突より一段低かった後部煙突が、同じ高さに高められた。そして、前檣楼の基部に最上艦橋が新たに設けられた。

1933年4月には、それまでの石炭焚きボイラーが重油焚きの新型に換装された。

次の主要な改造は1934年に実施され、前後2本の煙突の高さが約2m低くされた。メインマストが大幅に短くされ、上段の探照灯プラットフォームまでの高さになった。後部煙突の後方寄り頂部にアンテナマスト数本が立てられ、メインマストの基部の右側に小型のクレーンが新設された。

1936年の改造では、2年前に短くされたメインマストの前縁に棒マストが1本取りつけられ、後部煙突の後縁沿いに新たに高いアンテナマストが立てられ、前回の改造で取りつけられた数本の細いマストは外された。そして、3基目の8.8cm単装高角砲が追加装備された。

第二次大戦が始まった直後、1939年9月のうちに対磁気機雷防御のために、艦の側面、吃水線のすぐ上のあたりに消磁舷外回路（舷外電路／消磁装置）が取りつけられた。そして、1942年の最後の改造では、前檣楼頂部と艦橋の間の2段のプラットフォームのうち、下段の探照灯が取り外され、その代わりにFuMBレーダーのアンテナが装備された。

動力
Powerplant

エムデンは3枚羽根スクリュー付のシャフト2本を装備していた。低圧タービンと高圧タービンが連結されたブラウン＝ボヴェリー式タービン2基によって、各々1本のシャフトを駆動した。タービン駆動の蒸気は全部で10基のボイラー──6基は重油燃料、4基は石炭燃焼──から供給されていた。そのうちの石炭燃焼ボイラーは1933年の改造の際に重油燃焼型に換装された。この外に補助動力として420kWのディーゼル発電機が装備されていた。エムデンは舵1枚によって方向制御されていた。

改造後のエムデン。後部煙突が高くなったのがはっきりとわかる。その後縁にはポールマストが新たに取りつけられている。艦の後部のメインマストは短く切られ、2段の探照灯プラットフォームを取りつけるための柱になっている。

第二次大戦前と大戦中の行動
Service

　第二次大戦以前のエムデンは主に練習艦として使用されていた。この期間の艦長のリストをひと目見ると、その後に立派な経歴を歩んだ多くの人の名が並んでいることに気づく。海軍最高司令官カール・デーニッツ提督もそのひとりである。

　装甲と武装はあまり強力とは言えず、設計思想はやや時代遅れだったが、エムデンはドイツ海軍にとって役立った艦であり、数多く重ねた遠洋航海により多くの外国に国威を示した。事実上、世界中でこの巡洋艦が訪問したことのない地域はなく、エムデンによる遠洋航海は大勢の士官候補生の訓練の重要な部分となっていた。

　大戦が勃発するとただちに、エムデンはドイツ沿岸水域での機雷敷設作戦に従事した。しかし、この艦は早い時期に戦火に巻き込まれた。最初の敷設作戦を終わり、次の作戦の機雷を搭載するためにヴィルヘルムスハーフェンに入港していた1939年9月4日、エムデンは英軍機の爆撃を受けた。港内の対空砲火によって数機が撃墜されたが、不運なことに、1機のブレニムがエムデンの艦側に墜落し、同艦は死傷者29名の損害を受けた。

　1940年4月、エムデンは"ヴェザーユーブング"（ヴェザー演習）作戦──ノルウェー侵攻作戦──に参加するために、ポケット戦艦リュッツォウと重巡ブリュッヒャー、その護衛艦艇と共にシュヴィーネミュンデから出撃した。この戦隊では、エムデン自体は無事だったが、悲劇的な大損害が発生した。戦隊はオスロ港を目標としていた。4月9日の真夜中すぎ、戦隊がオスロフィヨルドに入るとすぐに沿岸要塞から砲撃を受けた。0520時、フィヨルドの狭隘部の入り口の東岸、オスロ港まで25kmのドレーパクの沖合で、先頭のブリュッヒャーは沿岸要塞から探照灯照射と共に激しい砲撃を受けて甚大な損害を被り、魚雷2基が命中して0630時頃に横転沈没した。乗組員と輸送されていた陸軍部隊の死傷者数は膨大だった。この戦闘が始まると、前進できなくなった後続のリュッツォウとエムデンはただちに針路を変え、15kmほど南方のソンスに向かった。両艦が輸送してきた陸軍部隊はそこで上陸し、ドレーパク要塞攻略に向かった。10日には空挺部隊がオスロを占領し、この地区が制圧されると、エムデンはオスロ港に入り、三軍の通信センターとしての活動に当たった。この作戦が終了した後、エムデンは練習艦任務にもどり、1941年9月までその状態が続いた。

右頁下●真横から撮影されたケーニヒスベルクの素晴らしい姿。1935年の改造後の状態であり、後部煙突の前にはカタパルトが装備されている。"ブルーノ"砲塔の背後の位置に装備されていた8.8cm単装高角砲2門が、新型の連装砲塔1基に換装されている点に注目。

1941年6月のソ連進攻作戦開始の後、早い時期に、エムデンは軽巡ライプツィヒと共にバルト海に面したリバウ港（現在はラトヴィアのリパヤ）に配置され、9月下旬にはエストニアのエゼル島（サアレマア島のドイツ語呼称）攻略作戦掩護のための艦砲射撃に当たった。しかし、数週間後には再び練習艦任務にもどり、1942年6月にオーバーホールと改造を受けるためにヴィルヘルムスハーフェンに帰るまでその任務が続いた。

　修理と改造を完了した後、エムデンはバルト海での練習艦任務にもどった。この任務が1944年9月まで続いた後、エムデンは4年前に戦ったノルウェー水域に配備され、機雷敷設部隊司令官の旗艦となった。9月から10月にかけて機雷敷設行動を重ね、その後はオスロに出入港する兵員輸送船や船団の護衛の任務についた。

　このベテランの巡洋艦は12月10日、オスロフィヨルドで座礁した。その損傷と、状態が悪化していた機関部の修理が、ケーニヒスベルクのシーシャウ社造船所で始められたが、作業はあまり進捗しなかった。そのうちにソ連軍がこの都市に接近してきたため、修理途中のエムデンは墓所から取り出したヒンデンブルク元帥と夫人の棺を乗せて1月25日の早暁に出港し、曳船の助けを借りて50km東方のピーラウ（戦後、ソ連領のバルティイスクになった）に向かった。この港で2つの棺を陸揚げし、臨時の修理によって機関運航可能——最高速度回復は無理だったが——になった。取り外されていた火砲も再び据え付けられ、エムデンは戦闘力不十分ながら一応、軍艦と見られる状態にもどった。

　エムデンの次の任務は、ソ連軍の手から逃れようとする避難民の輸送であり、大勢を乗せて2月1日にキールに向かって出港した。敵の攻撃を何とか逃れて6日後にキールに到着し、避難民を上陸させた後、残っていた修理を済ませるためにドイッチェ・ヴェルフト社のドックに入った。乾ドックの中では二度にわたって英軍機の爆撃により大きな損害を受けた。4月13日の夜に受けた損傷の結果、艦は大きく傾斜したため、翌日、4kmほど曳航されてキール湾東岸のハイケンドルファー湾に入り、座礁状態にされた。そして、5月3日、敵の手に落ちるのを避けるために爆破処分された。

THE K-CLASS CRUISERS
"K"クラス巡洋艦

　"K"クラス巡洋艦はケーニヒスベルク、ケルン、カールスルーエの3艦が建造され、偵察巡洋艦と類別された。文字通り偵察または索敵任務の巡洋艦の意味である。これら3

隻は計画の上で、同程度の敵艦と本格的に戦闘を交えることは意図されておらず、どちらかといえば、"ヒット・アンド・ラン"型の戦闘が想定されていた。このため、15cm砲9門の主砲のうち6門は後方向きの三連装砲塔2基として装備され、追跡してくる敵艦と戦いやすい配置になっていた。"K"クラスでは後部の2基の主砲塔は中心線から外れ、"ブルーノ"砲塔は左舷寄り、"ツェーザル"砲塔は右舷寄りに装備されていた。この方式の配置によって後部砲塔2基は左右各々の側で、艦首の方向に旋回する角度が大きくなった。これは敵艦を追跡する戦闘で有利な特徴と考えられた。

　"K"クラス巡洋艦は条約の厳しい制約の下で建造され、重量抑制のための多くの方策が採られたこともあって、3隻はやや構造的に弱い艦になり、それはカールスルーエが1936年の太平洋巡航の際に台風によって損傷を受けたことに現れた。それに加えて"K"クラスの艦は、それ以降に建造されたポケット戦艦や重巡洋艦と比べて、途中給油なしでの実効的な行動距離がやや不足気味だった。この型の艦の航続距離は4年以上も前に就役したエムデンより短く、現実的に長距離作戦行動には不向きであり、大戦勃発後の行動は沿岸水域内での任務のみに限られていた。

動力
Powerplant

　"K"クラスの巡洋艦は3枚羽根のスクリューが装備された2本のシャフトで推進された。各シャフトは高圧と低圧各1基のタービン──連結運転と独立した運転が可能だった──によって駆動され、燃料節減巡航のためにはディーゼルエンジン1基が使用された。タービンの蒸気は6基の石油燃焼ボイラーから供給された。ディーゼルエンジンは機関室の最後部の区画に配置されていた。そこから前に向かって機関室内の装備を見ていくと、最初は左右に低圧タービン2基が並ぶ区画、その前には高圧タービン2基が並ぶ区画がある。その前方にはボイラー2基が左右に並ぶ区画が2つ続き、それに続いて中心線上にボイラー1基が配置された区画が前後に2つ並んでいた。"K"クラスの艦の方向制御は舵1枚で行われた。

レーダー
Radar

　ケーニヒスベルクとカールスルーエにはレーダーは装備されなかったが、ケルンは開戦後に前檣楼頂部の6m測距儀に代わってFuMO 21レーダーを装備された。

KREUZER KÖNIGSBERG

軽巡洋艦ケーニヒスベルク

■ケーニヒスベルクの要目
全長　　　169m
全幅　　　15.2m
吃水　　　5.7m
最大排水量　6,750トン
最大速度　32ノット（59.3km/h）
航続距離　（タービン）5,700浬（10,556km）

斜め前、低い位置から撮影したこのケーニヒスベルクの写真には、艦首正面に飾られたこの艦の紋章がはっきりと写っている。後にこれは取り外され、この盾形紋章は艦首の両舷に取りつけられた。前部指揮センターの上面と塔状前檣楼頂部の6m測距儀もはっきりと写っている。

　　　　　（ディーゼル）8,000浬（14,816km）
主砲　　　15cm砲9門（三連装砲塔3基）
副砲　　　8.8cm砲6門（連装砲塔3基）
高角砲　　3.7cm機関砲12門（連装砲塔6基）、2cm機関砲8門（単装砲架8基）
魚雷　　　53.3cm魚雷発射管12基（三連装装架4基）
艦載機　　ハインケルHe60水上偵察機2機
乗組員　　士官23名、下士官兵590名

艦長
ヴォルフ・フォン=トロータ大佐　1929年4月～1929年6月
ロベルト・ヴィットヘフト=エムデン中佐　1929年6月～1930年9月
ヘルマン・デンシュ中佐　1930年9月～1931年9月
オットー・フォン=シュラーダー中佐　1931年9月～1934年9月
フーベルト・シュムント中佐　1934年9月～1935年9月
バッハマン中佐　1935年9月～1937年2月
ロービン・シャル=エムデン中佐　1937年2月～1938年11月
エルンスト・ショイルレン大佐　1938年11月～1939年6月
クルト=ツェーザル・小フマン大佐　1939年6月～1939年9月
ハインリヒ・ルーフス大佐　1939年9月～1940年5月

全般的な建造のデータ
General construction data

　ケーニヒスベルクは"K"クラス巡洋艦の中で最初に起工された艦である。1925年に建造契約がヴィルヘルムスハーフェンのマリーネヴェルフト社にあたえられ、1926年4月に竜骨が船台に据えつけられた。基本的な建造作業の期間は1年よりわずかに短く、1927年3月に進水した。艤装完了までの工程には2年余りを要し、1929年4月にドイツ海軍に就役した。ケーニヒスベルクは新編された偵　察　戦　隊の旗艦となり、多数の地中海の港湾を親善訪問する一連の巡航活動に参加した。

改造
Modifications

　ケーニヒスベルクは1931年に最初の主要な改造を受け、前檣楼の頂部が低くされ、後部上部構造物の上にあまり長くない一層のデッキハウスが加えられた。後者は翌年の改造で後方に延長された。

　1932年にもヨーロッパの港湾へ親善訪問巡航が始まる前に、主にマストと前檣楼の小改造が行われた。

　1934年には後部煙突両側のクレーンが新型に換装された。対空砲として、後部上部構造物の上面、数年前に取りつけられた一段高いデッキハウスと"ブルーノ"砲塔の間に、8.8cm単装砲塔2基が装備された。艦橋も改造され、前部煙突の近くまで後方に延長された。

　1935年の改造では2本の煙突の間にカタパルトが設置され、左舷の側のクレーンがそれまでのバー1本の小型から艦載機揚収用の大型に換装された。右舷の側のクレーンは以前のまま残された。

　その翌年の改造では、後部煙突の後面にポールマスト1本が取りつけられた。後部上部構造物上面の8.8cm単装高角砲2基に替わって、8.8cm連装三軸安定装架砲塔1基が装備された。この甲板上のデッキハウスは後方に延長され、その上面に測距儀／射撃管制室が設置され、両側には8.8cm高角砲の連装砲塔が装備された。

　ケーニヒスベルクの最後の改造は1939年の末に行われ、吃水線のすぐ上のあたりの舷側に消磁舷外回路が取りつけられた。

第二次大戦前と大戦中の行動
Service

　ケーニヒスベルクは1934年7月、ライプツィヒと共にポーツマスに入港し、5日間碇泊した。これは第一次大戦後、初めてのドイツ軍艦の英国港湾への親善訪問だった。その翌年の改造では艦載機射出カタパルトが装備され、1936年にも改造を受けた後、艦砲射撃監査総監局に配備され、練習艦として使用された。

　ケーニヒスベルクは他の多くのドイツ軍艦と同じく、スペイン内戦の際に非干渉監視パ

大戦前のケーニヒスベルクの素晴らしい姿が写っている。塗装には汚れがなく、右舷の前甲板の縁に整列した乗組員たちも真っ白な最高のユニフォームを着用している。

トロールの任務についた。この任務はほぼ平穏だったが、1936年12月の末に一度だけ緊張する事件があった。拿捕されたドイツの貨物船の釈放を共和国海軍部隊に要求して、小競り合いになりかけたのである。

　スペイン周辺水域での任務を終わったケーニヒスベルクは、翌年1月には本国に帰還して練習艦の任務にもどった。この時期、レーダー装備のテストベッドとしても使用された。1939年の改造の後、ケーニヒスベルクは潜水艦学校の標的艦の任務に当てられたが、この任務は大戦勃発と共に短期間で終わり、ただちに偵察戦隊に配備された。大戦での最初の任務は防御用の機雷敷設作業であり、これが、一段落するとバルト海で訓練任務につき、その後、再び改装を受けた。

　ケーニヒスベルクは1940年3月に実戦部隊に復帰した。ノルウェー侵攻作戦、ヴェザーユーブング作戦参加の艦艇部隊が編成され、ケーニヒスベルクは僚艦ケルン、砲術練習艦ブレムゼと共にベルゲン攻略任務の部隊の主力となった。多数の小型艦艇も参加するこの部隊は地上部隊1,900名を輸送する任務を担っていた。ケーニヒスベルクには第69歩兵師団の将兵600名以上と海軍沿岸砲兵隊の100名が乗艦した。部隊は4月8日の真夜中過ぎにヴィルヘルムスハーフェンを出港し、9日の0430時頃、大型艦から地上部隊の最初のグループが降り、Eボートなど小型舟艇のシャトル輸送で上陸した。この作業を終わったケーニヒスベルクは、先行したケルン、ブレムゼの後を追って、ベルゲン湾口まで6kmほどのビーフィヨルドに進入した。高速で突破することができると期待したが、進入路の中間あたりで、南側のクヴァルヴェン砲台から21cm砲の射撃を受けた。1発目はニアミスだったが、2発目は艦首右舷を直撃し、3発目も前甲板に命中した。損害は大きく、艦内に重大な浸水があり、ボイラー室と発電機室で火災が発生した。ケーニヒスベルクは動力が停止して漂流状態に陥り、それを抑えるために投錨せねばならなくなった。間もなくケーニヒスベルクとケルンの主砲射撃と、空軍の支援攻撃、先に上陸した地上部隊の進撃とによって沿岸砲台の射撃は制圧することができた。

　ケーニヒスベルクを外洋に出すためには応急修理が必要であり、湾口に艦の側面を向ける位置に移して突堤に繋止して、修理作業を開始した。湾口航行妨害の態勢を取ったのは、ドイツ軍の上陸作戦を制圧しようとする英軍の行動があった場合に備えるためである。夕刻、少数の双発爆撃機の攻撃を受けたが、損害はなかった。

　しかし、この軽巡のわずかに残っていた幸運も、その翌朝には終わってしまった。オークニー諸島のハッツトン基地から出撃した英国海軍航空隊のスキュア艦爆15機が、修理作業中のケーニヒスベルクの上空に現れたのである。完全な奇襲成功であり、対空射撃が始まる前に急降下爆撃が開始された。ケーニヒスベルクには少なくとも5発の45kg爆弾が命中した。1発は突堤と艦の間で炸裂し、もう1発は甲板と舷側を貫通して舷外至近

バルト海の穏やかな海面で訓練任務についているカールスルーエ。艦首波はほとんど見えず、きわめて低い速度で航走していることを示している。艦首の錨鎖孔の横には、この艦の盾形紋章が取りつけられており、撮影の時期が大戦前であることがわかる。大戦勃発後にはこのような飾りの類はすべて取り外された。カタパルトの上には艦載機の姿はない。艦載機が搭載されていない状態なのか、それとも射出された後なのか、いずれの場合もよくあることだった。

の水中で爆発した。舷側には大きな破口が開き、数名の戦死者が発生した。3発の直撃弾のうちの1発は補助ボイラー室を破壊し、艦尾近くの水中で爆発した2発の至近弾によって舷側に大きな亀裂が生じた。

　被弾の直後に艦は大きく傾斜し始めた。この艦を救うチャンスがないことは明らかであり、総員退去が発令された。しかし、ケーニヒスベルクの傾斜は緩い速度で進行したので、乗組員には脱出する時間の余裕があった。艦が完全に転覆して沈没したのは爆撃が始まってから3時間近く後であり、その間に乗組員は負傷者を救出し、遺体を搬出した上に、大量の弾薬と重要な機材や物資を陸揚げした。1941年に艦は引き揚げられ、スクラップにするために少しずつ解体されていった。

KREUZER KARLSRUHE

軽巡洋艦カールスルーエ

■カールスルーエの要目

全長　　　169m
全幅　　　15.2m
吃水　　　5.7m
最大排水量　6,750トン
最大速度　32ノット（59.3km/h）
航続距離　（タービン）5,700浬（10,556km）
　　　　　（ディーゼル）8,000浬（14,816km）
主砲　　15cm砲9門（三連装砲塔3基）
副砲　　10.5cm砲6門（連装砲塔3基）
高角砲　3.7cm機関砲12門（連装砲塔6基）、2cm機関砲8門（単装砲架8基）
魚雷　　53.3cm魚雷発射管12基（三連装装架4基）
艦載機　ハインケルHe60水上偵察機2機
乗組員　士官23名、下士官兵590名

艦長
オイゲン・リンダウ中佐　1929年11月〜1931年9月
エルヴィーン・ヴァスナー大佐　1931年9月〜1932年12月
ヴィルヘルム・ハルスドルフ・フォン＝エンデルドルフ中佐　1932年12月〜1934年9月
ギュンター・リュトイェンス大佐　1934年9月〜1935年9月
レーオポルト・ジーメンス大佐　1935年9月〜1937年9月
エーリヒ・フェルステ大佐　1937年9月〜1938年5月
フリートリヒ・リーヴェ大佐　1939年11月〜1940年4月

全般的な建造のデータ
General construction data

　カールスルーエは1926年7月にキールのドイッチェ・ヴェルフト社造船所で起工され、1年余りの後、1927年8月に進水した。その後の建造工程と艤装には2年を要し、1929年11月にドイツ海軍に就役した。

改造
Modifications

カールスルーエの艦首から後方に向かって撮った写真。"アントーン"砲塔、艦橋、2基の測距儀、前檣楼、その中段の探照灯プラットフォーム、頂部の指揮所、横に拡がった何本ものヤード、それに張られた網のようにたくさんのアンテナなどがはっきりと写っている。

　カールスルーエは1930～31年の冬に最初の改造を受けた。この時、前檣楼に取りつけられたポールマストが短くされ、後部上部構造物の上面と、2本の煙突の間のボートデッキとに各々、デッキハウスが新たに加えられた。
　その次の一連の目立った改造が1939年に行われ、後部煙突の後面にポールマストが取りつけられ、2本の煙突の間にカタパルトが設置された。それに伴って、後部煙突の左側の位置に配置されていた小型のデリックに替わって、艦載機揚収用のクレーンが設置された。前檣楼の塔状部分のプラットフォームも改造された。1936年7月にはケーニヒスベルクと同じ改造を受けた。後部上部構造物の上のデッキハウスが後方に延長されて、その上部に測距儀／射撃管制室が設置され、以前からの8.8cm単装高角砲2基に替わって8.8cm高角砲連装砲塔3基が装備されたのである。この時に艦橋にウイングが設けられた。
　1938年5月にカールスルーエは現役艦籍から外され、長期間にわたって大きな改造を受けた。改造の主な部分は1936年の太平洋巡航の際に暴風雨によって損傷を受けたことに対応した船体の補強だったが、外形に現れた改造も多かった。前檣楼頂部の構造物が2層から1層に縮小され、塔状の部分に取りつけられたプラットフォームの位置と形が変えられた。前後の煙突には斜め後方に切れ下がったキャップが装着され、右舷の側、後部煙突の横の小さいデリックが大型のクレーンに換装された。2本の煙突の左右両側面、かなり高い位置に探照灯プラットフォームが新設され、高角砲は8.8cm砲から10.5cm砲に換装され、後部煙突の後面に接して三脚のメインマストが装備された。
　錨留め装置も改造された。それまでは右舷の錨1基は、艦首近くの舷側の高い位置に錨鎖孔の開口部の窪みがあり、そこに留められていたが、改造によってそれはなくなり、艦首近くの舷側の縁に錨留め切り欠きが設けられた。左舷の2基の鎖はそれまでと同じで、舷側の錨鎖孔開口部に留められた。
　カールスルーエは1940年に最後の改造を受け、消磁舷外回路が装着された。

第二次大戦前と大戦中の行動
Service

　バルト海での試験運用の期間が終わった後、カールスルーエは練習艦の任務につき、1930年5月にアフリカと南アメリカの港湾を親善訪問する遠洋航海に出港した。この航海から帰国すると、この艦は訓練演習に参加し、その後に再び南北アメリカへの親善訪問航海に出た。1930年から1936年の間に5回の遠洋航海――その中には日本訪問も含まれる太平洋への航海もあった――を重ね、その合間は練習艦としての任務についていた。1935年秋に始まった最後の遠洋航海では、翌年3月12日に神戸を出港した翌日から1週

19

間余りのうちに二度も強烈な熱帯性の暴風に遭遇し、船体に大きな損傷を受け、ダッチハーバーとサンディエゴ軍港で修理を受けて帰還した。

1936年6月上旬に帰国した後、カールスルーエは本格的な修理と改造、改修のためにヴィルヘルムスハーフェンで乾ドックに入り、この時に上部構造物の改造と高角砲の連装砲塔3基への換装が行われた。これらの作業とその後のテストを完了した後、スペイン沿岸での内戦非干渉パトロールの任務についたが、その期間は数カ月で終わった。帰還後は年の末までバルト海での演習に参加した。

入港して来るカールスルーエ。岸壁には大勢の歓迎委員会の人々と軍楽隊が並んでいる。この時期、艦の紋章はまだ竣工の時と同じ位置、艦首の正面に飾られている。

1938年5月、カールスルーエは現役艦籍から外され、ヴィルヘルムスハーフェン海軍工廠での広範囲な修理と改造工事が開始された。第二次大戦勃発間もなく、1939年11月に現役艦に復帰したが、当面は試運転と訓練任務が続いた。1940年4月のノルウェー侵攻作戦の際は、まだ十分に戦闘可能な状態ではなく、地上部隊兵員輸送の任務に当てられた。同じ任務のEボート母艦ツィンタオ、水雷艇3隻、Eボート7隻によって部隊が編成された。

地上部隊1,200名を輸送してクリスチャンサンを攻撃するのがこの部隊の任務であり、4月8日、ブレーマーハーフェンから出港した。航海は順調に進んだが、クリスチャンサンまで15kmほどの湾口に接近した頃、この地域は濃い霧に覆われ、幅が狭く潮の流れが複雑なフィヨルドに進入するのが難しくなった。攻略部隊は湾口の近くに留まり、昨朝に見通しが良くなるのを待たなければならなかった。港のすぐ前の小島、オッデレイ島には数門の重砲を備えた砲台があり、カールスルーエが港に接近すると砲撃を始め、怖しげな至近弾が何発も落下した。カールスルーエも砲撃を開始したが、この型の独特な砲塔配置のために、応射できるのは"アントーン"砲塔のみに限られた。敵の砲台を制圧しないままで港への進入を強行すれば、危険が大きいのは明らかだった。このため艦は針路を変え、後部の砲塔2基を砲台へ向け、砲撃を重ねたが、カールスルーエの艦砲射撃だけで砲台を制圧することはできないことが明らかになった。

艦は後退して砲台まで十分な距離を置き、側面を目標に向けて砲塔3基での砲撃を開始した。初めのうちの近距離での低い弾道による砲撃よりも、長距離の高い弾道の砲撃は効果が大きかった。砲撃開始から2時間後、0700時頃に濃い霧が港の周辺に拡がり、戦闘は一時中断された。その1時間後に霧が薄れ始めると、高速で機動性が高い水雷艇2隻は、搭載していた地上部隊をオッデレイ島に揚陸するように命じられた。上陸した地上部隊はカールスルーエの掩護射撃の下に、ノルウェー軍の陣地への攻撃を開始した。1000時頃、一部の陣地占領の報告が入り、ノルウェー軍が抵抗を停止したので、艦艇部隊はおそるおそるオッデレイ島の横を通って港内に向かった。1220時頃、地上部隊から

早い時期のカールスルーエ。キール運河を航行している場面である。艦尾に注目されたい。ここに掲げられているのはドイツ海軍がライヒスマリーネと呼ばれていた期間（1921年1月〜1935年5月）の軍艦旗であり、中央に鉄十字の紋章がついている。それ以降はクリークスマリーネと改称され、軍艦旗には鉤十字がつけられた。この時代に入ってから就役した巡洋艦はニュルンベルクだけである。

島のノルウェー軍が降伏したことが報告され、カールスルーエ以下の艦艇は港に地上部隊を上陸させた。

1700時頃、地上部隊指揮官から市街の占領が完了したと報告があり、カールスルーエは1900時に抜錨し、護衛の水雷艇3隻と共にフィヨルドを通過して外洋に出てから、21ノット（39km/h）の高速でジグザグ航走に入った。

ドイツ側にとって不運なことに、フィヨルドの外に配置されていた英軍の潜水艦トルーアントが独艦4隻を発見し、右側、距離4,000mの絶好の位置から魚雷4基を扇状に発射した。2000時数分前、カールスルーエは魚雷を発見したが、回避しきれず、艦首とメインマストの基部の横とに2基が命中した。艦はすぐに傾斜し、大量の浸水によって艦尾が沈下し始めた。タービン室とボイラー室に海水が入り、電力の一部が停止したため、魚雷が命中した区画のポンプによる排水作業が浸水の増大に対応してゆけなくなった。間もなく、副長が艦の深刻な状況を艦長に報告した。この報告に基づいて、艦を救う可能性はないと判断され、緩い速度で艦の沈下が進む中で総員退去が命じられた。乗組員は2100時過ぎに水雷艇2隻に移乗し、2隻はこの地区の司令官の命令によりキールに向かった。もう1隻の水雷艇に移乗していた艦長は、2145時、上甲板まで沈んだカールスルーエを撃沈処分するように命じ、魚雷2基が発射された。艦は魚雷命中後、数分のうちに沈没した。

帰還後の状況調査では、艦長と副長が艦を救うために最善を尽くさなかったと厳しく批判された。艦は行動不能に陥っていたが、魚雷命中から2時間近く後でもまだ浮かんでおり、艦の前部のポンプは損害を受けていなかった。これらのポンプは艦の沈没を防ぐだけの能力はなかったが、かなりの時間にわたって浸水の進行を遅らせることができたはずである。その間に艦を曳航して港内にもどるか、水深の浅い地点に擱坐させることができたのではないかと批判された。事実、最終的に艦を沈没させるのには魚雷2基が必要とされた。厳しい批判が多数並び、妥当な根拠のあるものが大部分を占めていた。損傷を受けたカールスルーエを生き残らせようとする努力は不十分だったと思われる。

KERUZER KÖLN

軽巡洋艦ケルン

■ケルンの要目

全長　　169m
全幅　　15.2m
吃水　　5.7m
最大排水量　6,750トン
最大速度　32ノット（59.3km/h）
航続距離　（タービン）5,700浬（10,556km）
　　　　　（ディーゼル）8,000浬（14,816km）
主砲　　15cm砲9門（三連装砲塔3基）
副砲　　10.5cm砲6門（連装砲塔3基）
高角砲　3.7cm機関砲12門（連装砲塔6基）、2cm機関砲8門（単装砲架8基）
魚雷　　53.3cm魚雷発射管12基（三連装装架4基）
艦載機　ハインケルHe60水上偵察機2機
乗組員　士官23名、下士官兵590名

艦長

ルートヴィヒ・フォン＝シュレーダー大佐　1930年1月〜1932年9月
オットー・シュニーヴント中佐　1932年9月〜1934年3月
ヴェルナー・フフス大佐　1934年3月〜1935年10月
オットー・バッケンケーラー中佐　1935年10月〜1937年10月
テオドール・ブルハルディ大佐　1937年10月〜1040年1月
エルンスト・クラツェンベルク大佐　1940年1月〜1941年5月
フリートリヒ・ヒュフマイアー大佐　1941年5月〜1942年3月
ヘルムート・シュトローベル中佐（代理）　1942年3月〜1942年5月
マルティン・バルツァー大佐　1942年5月〜1942年12月
ハンス・マイアー大佐　1942年12月〜1943年2月
ヘルムート・シュトローベル中佐　1944年4月〜1945年1月
フリッツ＝ヘニング・ブランディス少佐（代理）　1945年1月〜1945年5月

早い時期のケルンを捉えた写真。1935年の改造でカタパルトを装備してから間もない頃である。後部煙突の頂部の両側にアンテナを張るためのアウトリガー（ポール3本で構成されている）が装備されており、メインマストと言えるものはない。

その後の時期（といっても大戦前だが）のケルンの素晴らしい姿が写っている。1937年秋の改造でカタパルトが撤去された後の時期である。後部煙突の横のデリックの柱には上下2段の探照灯プラットフォームが設けられている。前檣楼に取りつけられたプラットフォームの数は、前頁の写真の時期より目立って少なくなっている。

全般的な建造のデータ
General construction dada

　"K"クラス軽巡洋艦の3番艦は1926年8月、ヴィルヘルムスハーフェンのマリーネヴェルフト社造船所で起工され、1928年5月に進水した。ケルンは艤装工事完了後、1930年1月に就役し、その後は通常通りにバルト海でのテスト航海と慣熟訓練の期間に入った。その翌年、この艦は艦隊大演習に参加し、夏季には短い期間の親善巡航も行った。

改造
Modofications

　ケルンは1931年に最初の改造を受けた。内容は先行した2隻の姉妹艦と同じである。後部上部構造物の上面、前後の煙突の間と、後部煙突と"ブルーノ砲塔"の中間の位置に各々、デッキハウスが設けられた。後者の上には測距儀／射撃管制室が設置された。それ以前の8.8cm単装高角砲2基は連装砲塔に換装され（後に連装砲塔3基に増強された）、艦橋にはウイングが取りつけられていた。

　1935年には艦橋デッキが改造され、前檣楼のプラットフォームの形状と位置が変えられた。この時、前後煙突の間にカタパルトが新設され、左舷の側のデリックが艦載機揚収用のクレーンに取り換えられた。後部煙突と"ブルーノ"砲塔との中間の位置のデッキハウスは全体的に改造され、そこに高角砲射撃管制所を新設するための一段高い円形プラットフォームが設置された。後部煙突の背面にはポールマストが取りつけられた。

　1937年の改造ではカタパルトが撤去され、その位置には以前と同じようなデッキハウスが設けられた。左舷の艦載機用クレーンは単純なデリックに換装された。1940/41年の冬の改造では消磁舷外回路が装着され、"ブルーノ"砲塔の上面にヘリコプター着艦パッドが取りつけられた。この艦の最後の大きな改造は1942年の春に実施され、前部指揮センターの上面の測距儀が撤去されて、その跡にFuMO 21レーダー装置が取りつけられた。

　ケルンは前甲板に2cm単装機関砲をいくつか追加装備されたのを除いては、小口径対空火器の増備は受けなかったと思われる。

レーダー
Radar

　ケルンは1943年8月にFuMO 24/25レーダーを装備された。位置は塔状の前檣楼の前面に取りつけられた小さいアームの上である。それの上方のアームにはFuMB 6のアンテ

ナが装備され、前檣楼頂部の構造物の側面にはFuMB 4のアンテナが装備された。

第二次大戦前と大戦中の行動
Service

1932年の春の早い時期、ケルンは大西洋でさらに試験航行を重ねた後、お馴染みのバルト海にもどって、砲撃訓練を行った。その年の末近くにケルンは、訓練中の士官候補生を乗せて初めての世界一周航海に向かった。地中海、インド洋、太平洋、大西洋を巡る航海を終わって帰還したのは1年後であり、各地でドイツとその海軍の威信を高める効果をあげた。

"K"クラスの巡洋艦はちょっとしたうねりによっても、ここに写っているように、かなり横揺れする傾向があった。これは艦橋周辺から艦尾方向を撮った写真であり、カメラに最も近いところにはカッターの艇尾が見え、その後方には内火艇と、デリックの支柱と、それに取りつけられた探照灯プラットフォームが写っている。

それから2年間、ケルンはバルト海から北海、ときには中部大西洋に出て、さまざまな試験や訓練や演習に参加した。1936年の初めには漁業保護の任務に当てられた。その年の夏、ケルンはドイツ海軍の多くの艦と同様に、内戦が勃発したスペイン周辺の水域でのパトロール任務についた。1937年5月の末、ドイッチュラントが地中海のイビサ島沖で共和国軍機の爆撃によって損傷を受けた事件があった時、ケルンは負傷した乗組員をジブラルタルから本国に輸送した。

ケルンは5回にわたってスペイン水域でのパトロール任務についた後、北海での漁業保護任務にもどり、その後、1938年の秋にキールで改造を受けた。1939年3月には数隻の僚艦と共に、バルト海のメーメル（以前は帝政ドイツ領。第一次大戦後にリトアニアの管理下の自由都市とされた）をドイツに編入するための作戦に出動し、その後、ドイッチュラント、グラーフ・シュペー、アトミラール・シェアー、グナイゼナウと並んで、大西

"バルト海型"と呼ばれたパターンのカムフラージュ塗装を受けたケルン。1941年の撮影。艦首に塗られた暗い色の部分の輪郭と、その後に白で描かれた偽の艦首波が面白い。舷側に塗装された斜めの黒／白を組み合わせた幅広バンドは、上部構造物や砲塔にも拡がっている。

カラー・イラスト

解説は 46 頁から

A：エムデン

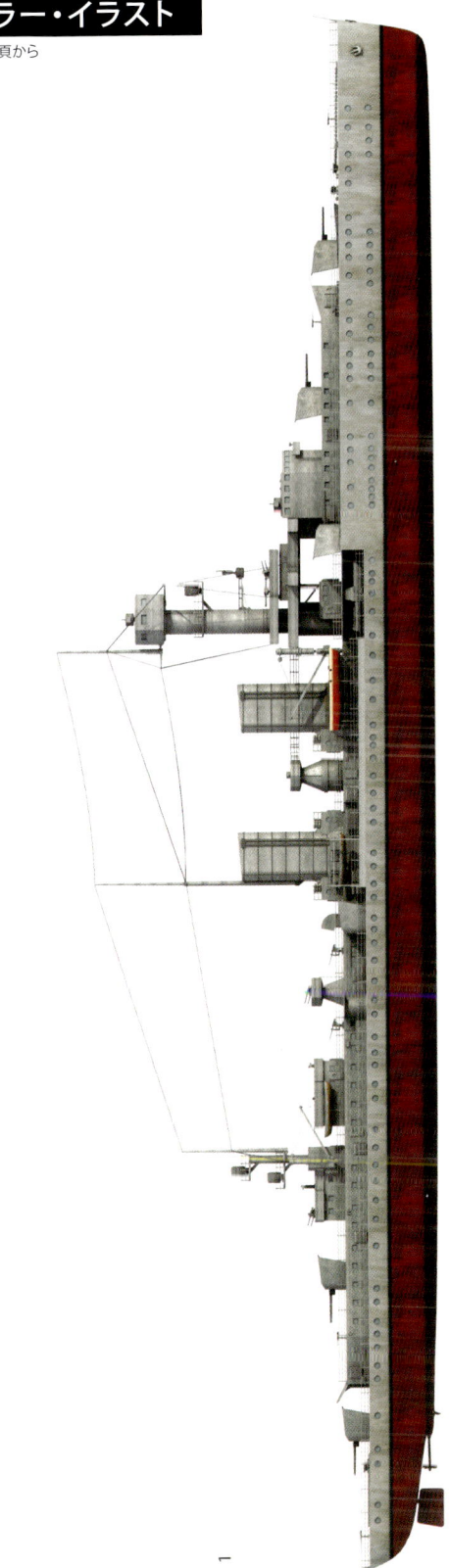

B：ケーニヒスベルク

C：ライプツィヒ

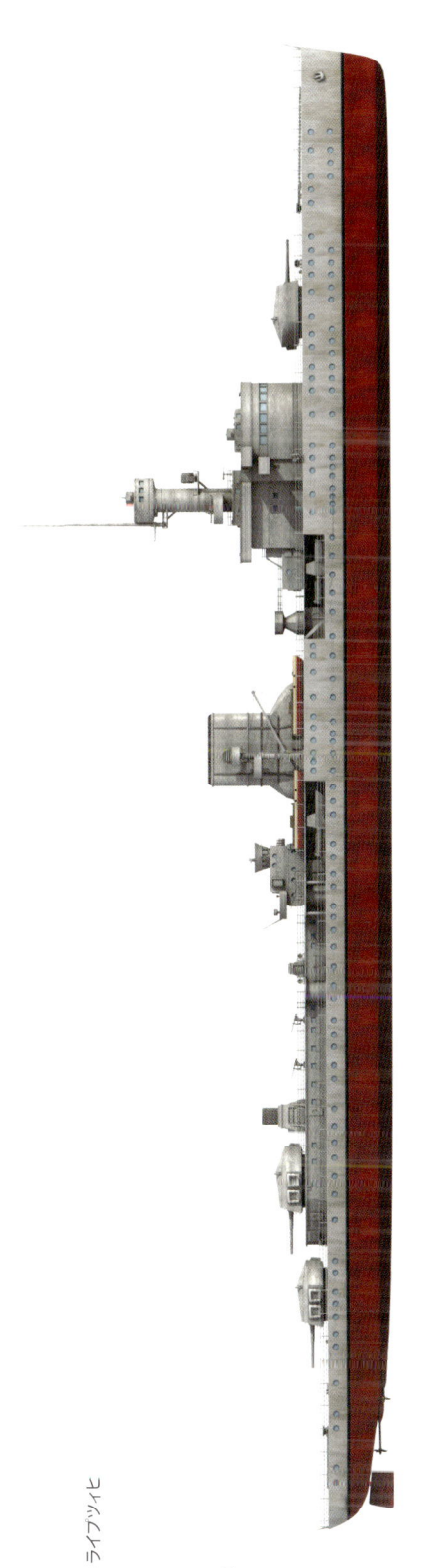

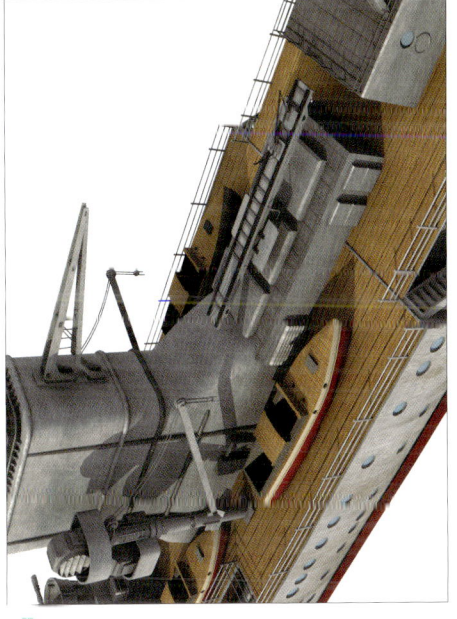

図版D
ニュルンベルクの解剖図

各部名称

1. 15cm三連装砲塔 "ツェーザル"
2. 15cm三連装砲塔 "ブルーノ"
3. 排気筒
4. 6m測距儀
5. 高角砲射撃指揮所
6. メインマスト
7. 2cm高角機関砲四連装砲架
8. 4cm高角機関砲単装砲架
9. 煙突後面ポールマスト
10. 探照灯
11. 煙突
12. 前檣
13. 前檣楼頂部6m測距儀
14. 塔状前檣楼
15. FuMO 24/25レーダー
16. 提督艦橋
17. 4cm高角機関砲単装砲架
18. 指揮艦橋
19. 2cm高角機関砲単装砲架
20. 15cm三連装砲塔 "アントーン"
21. 砲塔側面救助ラフト
22. 2cm高角機関砲単装砲架
23. 水兵居住区
24. 下士官居住区
25. 短艇
26. パン焼き場
27. 内火艇
28. デリック
29. 前部魚雷発射管三連装架
30. 8.8cm高角砲連装砲塔
31. ボイラー室
32. 中部魚雷発射管三連装架
33. タービン室
34. 8.8cm高角砲連装砲塔
35. タービン室
36. ディーゼルエンジン室
37. スクリュー
38. 舵

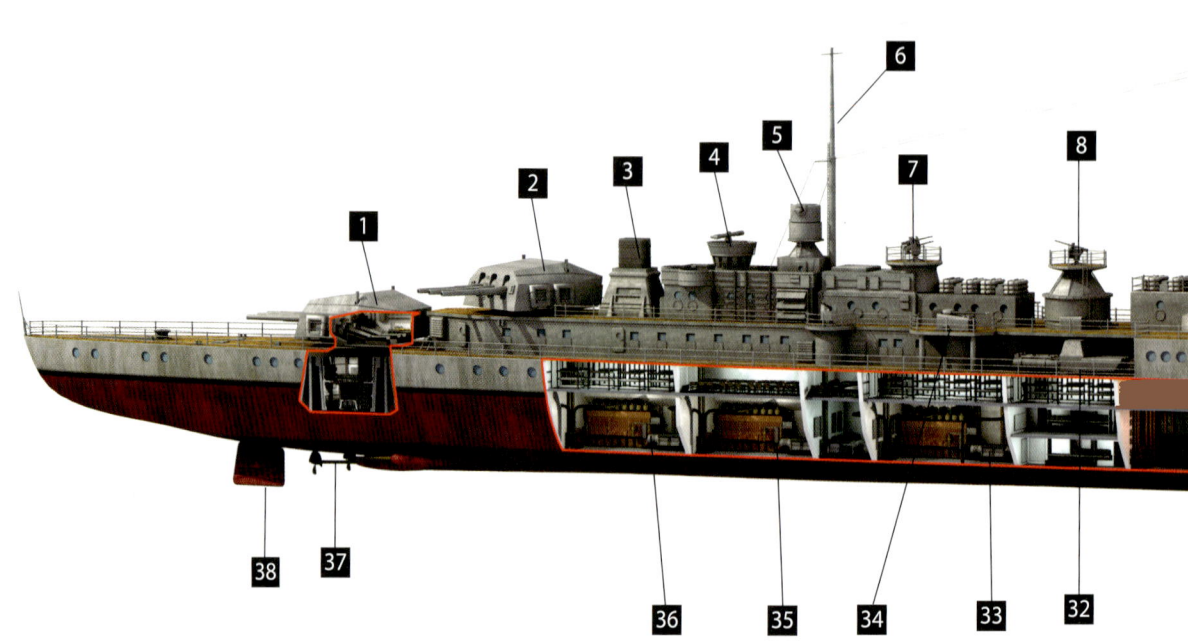

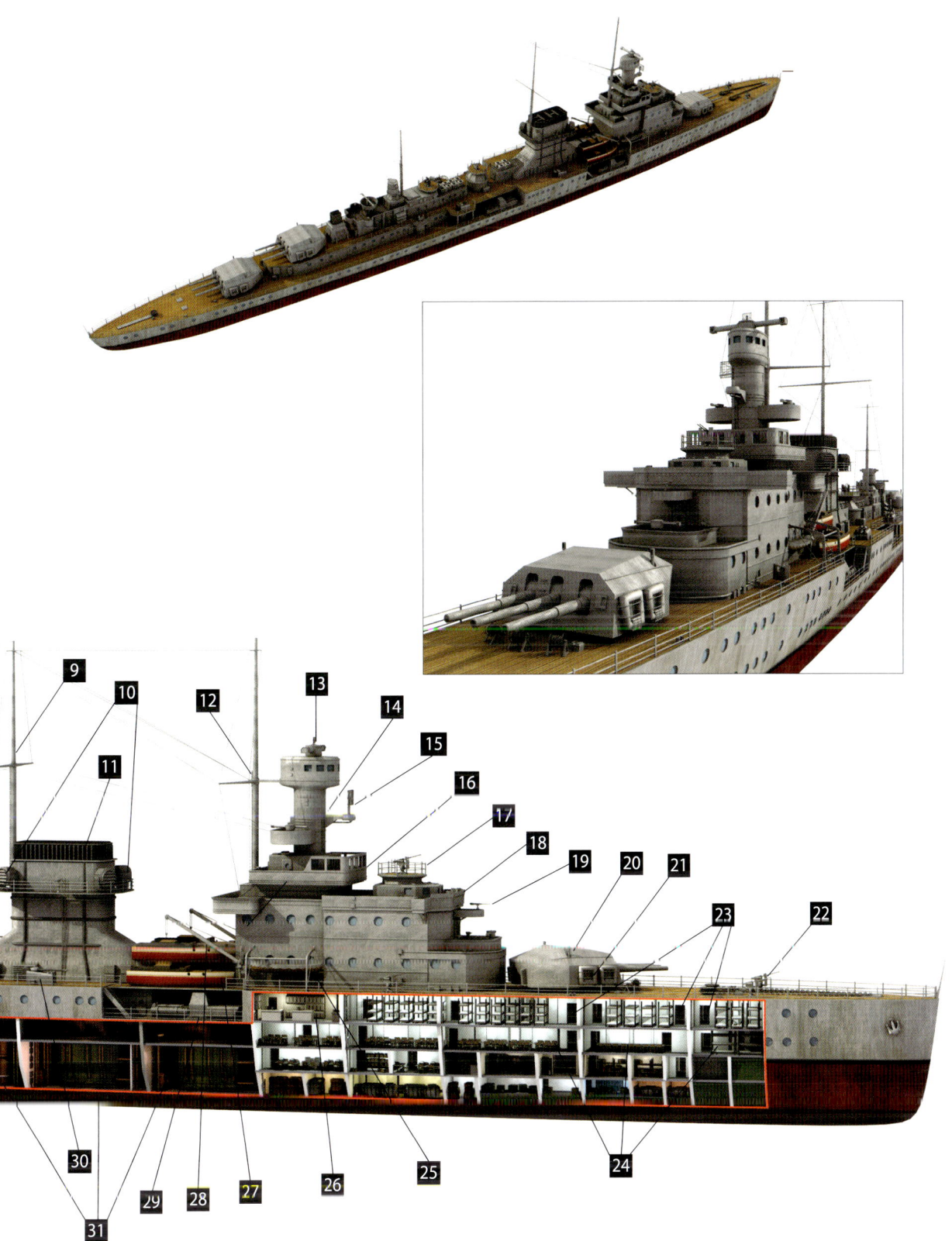

E：ケーニヒスベルク

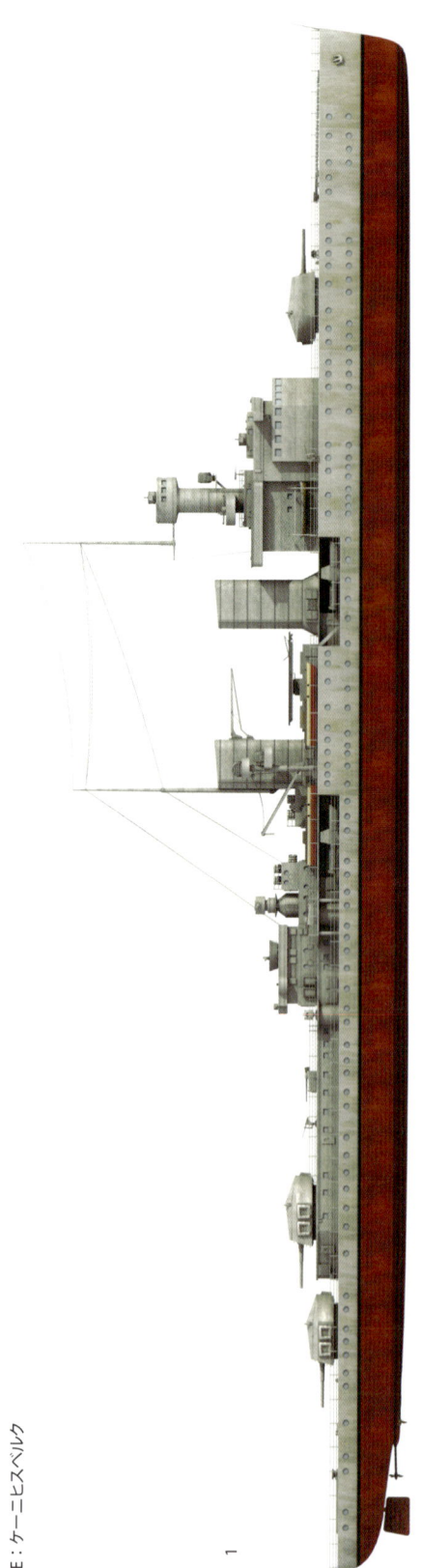

F：エムデン

G：大戦中のカムフラージュ

1
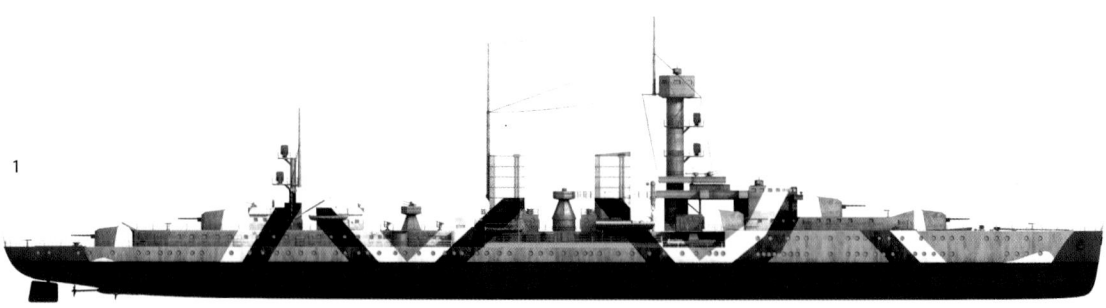

2

3

4

ケルンは1945年3月30日、ヴィルヘルムスハーフェンの造船所内の岸壁近くで英軍の爆撃を受け、数発の至近弾で大損害が発生した。この写真は煙突の後方、右舷の損害の状態を示している。損害を受けてから数日後であるらしく、甲板にはテーブルと椅子が置かれ、乗組員の表情には落ち着きが見られる。

洋海域で実施された大規模な演習に参加した。

　第二次大戦勃発の日が目前に迫ってきている頃、ケルンは再びバルト海での行動に入った。進攻作戦が始まった時にポーランド海軍の艦艇は脱出を図るものと予想され、それを阻止するための封鎖線を展開する任務についたのである。しかし、実際にはこの行動は成功せず、多くのポーランド艦艇が封鎖線をかわして英国に脱出した。この作戦行動の後、ケルンは他の多くの艦艇と共に、ドイツ沿岸要地への進入路防御のための大規模な機雷敷設作業に当たった。

　それが一段落した後、ヴェザーユーブング作戦、ノルウェー侵攻作戦の準備が始まるまでの数カ月はあまり変化がなく、ケルンはグナイゼナウと共に通商破壊作戦に一度出撃したが、戦果なしで終わり、その外にはライプツィヒ、ニュルンベルクと共に護衛任務の行動が一度あっただけである。ノルウェー侵攻作戦に出撃する部隊のひとつとして、ケルンと姉妹艦ケーニヒスベルク、砲術練習艦ブレムゼが主力となる艦艇13隻のグループが編成され、ベルゲン港攻略に当たる陸軍の歩兵部隊を乗せて出撃した。ケーニヒスベルクはベルゲン湾への進入路途中でノルウェー軍の沿岸砲台から射弾の被害を受けたが、隊列先頭のケルンは砲撃が激しくなる前にフィヨルドを通過し、無事に港内に入って姉妹艦掩護のために砲台を砲撃した。上陸した歩兵部隊が港湾を占領した後、ケルンは護衛の水雷艇2隻と共に本国に帰還した。この4月上旬の作戦以降、出撃の機会はなく、1940年の末に乾ドックに入って広範囲な改造を受けた。

　この時の改造によってケルンは、艦載ヘリコプターの運用テストという歴史的な役割を担うことになった。"ブルーノ"砲塔の上面に特殊なプラットフォームが設置され、フレットナーFl282コリブリ（ハチドリ）ヘリコプターが搭載されて、世界で最初の軍用ヘリコプターの公式テストが開始されたのである。この運用テストはすべての予想を上回る大きな成功を収めた。この小型のヘリコプターは戦闘機の攻撃を巧みにかわす能力も証明してみせた。ケルンによるヘリコプターの運用テストは1942年で終わったが、その後も他の艦によって継続された。

　一方で、ケルンは1941年秋の初めにバルト海艦隊北部グループに編入され、10月14〜21日にはエストニアのダゴ島へのドイツ軍部隊の上陸作戦掩護のために同島のソ連軍陣地を砲撃した。その間、13日には島の北方でソ連潜水艦の雷撃に狙われたが、なんと

か回避することができ、14日にはリストナ島も砲撃した。しかし、冬に入ると厳しい天候状態のために本国へ帰還せねばならなくなり、その後は北海での任務についた。

1942年2月から5月にかけて、ケルンはヴィルヘルムスハーフェンで入渠し、オーバーホールと構造上の改造を受けた。7月の半ばにはノルウェー水域に向かい、ナルヴィクに短い期間、碇泊した後、10月の初めに最北部のアルトフィヨルドに移動した。この水域では航洋性不十分なこの艦が行動する余地は少なく、ドイツの軍艦が配備されていることを示すだけに近い存在だった。1943年1月の初めにはヒットラーからの退役命令によってキールに帰還し、2月17日に現役艦籍を取り消された。その後、ほぼ1年にわたって予備艦として繋留されていたが、東部戦線でドイツ軍の頽勢が激しく進行し、海軍艦艇による支援が必要となったために、ケルンも現役に復帰することになった。新編された乗組員が1944年1月に配備され、キールからケーニヒスベルクに曳航されて移動し、ドックに入った。作戦行動可能な状態にもどすためのオーバーホール作業が開始され、4月1日に現役艦籍に復帰して、7月1日に工事作業が完了すると、士官候補生練習艦として訓練部に配属された。

現役に復帰した後ケルンの最初の本格的な作戦行動は機雷敷設だった。1944年10月11日、機雷90基を搭載し、エムデン、駆逐艦3隻と共にシュヴィーネミュンデを出港し、オスロフィヨルドに進出した。しかし、そこで10月15〜20日にわたり4回の英軍の爆撃を受け、被害はなかったが、機雷敷設作戦は中止された。その後、時々近距離の輸送船護衛に当たる以外は、敵の偵察機に位置を確認されないために碇泊地点を転々と変えながらオスロ周辺に留まった。オスロのドックに入っていた12月13日の夜、英軍の重爆から爆撃を受け、至近弾でかなりの損傷を被り、12月31日の夜にも至近弾による損害が重なった。オスロでの修理は困難と判断されて本国への帰還が命じられ、1945年1月の初めにヴィルヘルムスハーフェンに到着した。ケルンは造船所の岸壁に繋留され、修理作業が開始されたが、この都市への米軍と英軍の爆撃は続き、3月30日には遂にケルンは数発の至近弾により大きな損傷を受けた。艦は傾いて沈下し始め、最後は水平の姿勢、甲板を海面上に出した状態で着底した。

ケルンは浅く沈んでいて航行することはできなかったが、損傷のない部分もあるので、4月5日に除籍された後、固定砲台として使用されることになった。英軍の戦車部隊がヴィルヘルムスハーフェンに接近してきた時、"ブルーノ"砲塔は停戦までの数日にわたり、砲撃によって守備部隊の支援に当たった。大戦後に艦の一部は解体され、11年後の1956年には艦全体が引き揚げられてスクラップにされた。

ライプツィヒの艦容を見事に捉えた写真であり、部分ごとの構造もかなり詳細に見ることができる。この艦と"K"クラス3隻との最も目立つ相違点は幅広の1本煙突である。これは大戦前の写真だが、時期は1935年以降である。前檣楼に鈎十字がついたクリークスマリーネの軍艦旗が掲げられているからである。この艦が就役した1931年にはライヒスマリーネの軍艦旗が使用されていた。

THE LEIPZIG-CLASS CRUISERS
"ライプツィヒ" クラス巡洋艦

　このクラスは2隻建造されただけである。この2隻の外観、殊に竣工当初の姿はだいたいにおいて "K" クラスと同じである。すぐに見て取れる主な相違点は、これらの2隻が "K" クラスより大きいことと、煙突が1本であることだった。ニュルンベルクは他の軽巡とは違って、艦橋構造物が重々しく組み上げられているのが特徴だった。ライプツィヒの艦橋周辺の構造はもっと "K" クラスに似ていた。この新型艦2隻には "K" クラスとの間でもっと大きな相違点があった。写真を見ても、殊に側面から撮った写真では、すぐにはわからない違いである。"K" クラスの艦の後甲板の主砲塔2基は艦の中心線から左右にずれた位置に装備されていたが、新型の2隻では中心線上に装備されていたのである。

　エムデンと "K" クラスはスクリューシャフト2本だったが、ライプツィヒ級は3軸推進となった。ニュルンベルクでは中心線の左右に配置された主スクリューシャフト2基は各々、キールのドイッチェ・ヴェルフト社製の高圧タービン1基と低圧タービン2基によって駆動された。ライプツィヒの主シャフト2基は各々、クルップ社製の高圧タービンと低圧タービン各1基によって駆動された。両艦共、中心線のスクリューシャフトの動力は、MAN社製の2サイクル7気筒ディーゼルエンジン4基だった。これらの2つのシステムを組み合わせた方式は柔軟な運用ができるという長所があったが、やはり難点はあった。一方のシステム運転の状態から両システム運転に移行する場合には、両システムの併行運転に移る前に10分ほど全エンジンを停止することが必要だったのである。

　両艦ともタービンは石油燃料ボイラー6基の蒸気によって駆動された。艦の中部に3つのボイラー室が前後に並び、各室には左右にボイラーが1基ずつ装備されていた。両艦は舵1枚によって方向制御されていた。電力源は250kWタービン発電機2基と90kWディーゼル発電機2基である。

KREUZER LEIPZIG
軽巡洋艦ライプツィヒ

■ライプツィヒの要目
全長　　　177m
全幅　　　16.2m
吃水　　　5.7m
最大排水量　8,427トン
最大速度　（タービン）32ノット（59.3km/h）
　　　　　（ディーゼル）16.5ノット（30.6km/h）
航続距離　3,780浬（7,000km）
主砲　　　15cm砲9門（三連装砲塔3基）
副砲　　　10.5cm砲6門（連装砲塔3基）

高角砲	3.7cm機関砲12門（連装砲塔6基）、2cm機関砲8門（単装砲架8基）
魚雷	53.3cm魚雷発射管12基（三連装装架4基）
艦載機	ハインケルHe60水上偵察機2機
乗組員	士官24名、下士官兵826名

艦長

ハンス=ヘルベルト・シュトプヴァッサー大佐　1931年10月～1933年9月
オットー・ホルメル少佐　1933年9月～1935年9月
オットー・シェンク中佐　1935年9月～1937年10月
ヴェルナー・レーヴィッシュ大佐　1937年10月～1939年4月
ハインツ・ノルトマン大佐　1939年4月～1940年2月
ヴェルナー・シュティヒリング大佐　1940年12月～1942年8月
フリートリヒ=トラウゴット・シュミット大佐　1942年8月～1942年9月
ヴァルデマー・ヴィンター大佐　1942年9月～1943年2月
　現役解除　1943年2月
　再就役　1943年8月
ヴァルター・ヒュルゼマン大佐　1943年10月～1944年8月
ハインリヒ・シュペレル大佐　1944年8月～1944年11月
ハーゲン・キュスター少佐　1944年11月～1945年1月
ヴァルター・バッハ少佐　1945年1月～1945年5月

全般的な建造のデータ
General construction data

　ライプツィヒは1928年4月、ヴィルヘルムスハーフェンのマリーネヴェルフト社造船所で起工され、1929年10月に進水した。竣工と艤装完了までには2年を要し、この新型巡洋艦は1931年10月にドイツ海軍に就役した。

改造
Modifications

　ライプツィヒの最初の主要な改造は1934年12月にキールで実施され、前部上部構造物の上面、煙突と塔状前檣楼との間の位置のデッキハウスが取り除かれ、その跡にカタパルトが設置された。煙突の左側の単純なデリックは艦載機揚収用のクレーンに換装された。"K"クラス巡洋艦と同様に、竣工以来の8.8cm単装高角砲2門は同砲連装砲塔3基に換装された。

　1940年には舷側に消磁舷外回路が取りつけられ、1941年にはカタパルトが撤去され、4基の魚雷発射管三連装装架のうちの後部の2基（煙突の後方、両舷）も取り外された。1943年には前部の魚雷発射管架2基も撤去された。この時の改造で、塔状前檣楼中部の探照灯プラットフォームが撤去され、ほぼその位置にFuMO 24/25レーダーアンテナを装備した新しいプラットフォームが設けられ、それより一段上、前檣楼頂部構造物の下にFuMB 6のアンテナを装備するプラットフォームも新設された。これがこの艦の最後の主要

吃水線の高さからライプツィヒの艦首正面を見上げた写真。艦の紋章が大きく写っている。この艦の艦首の錨は左舷に2基、右舷に1基配置されており、それがはっきりとわかる。

な改造・改良作業となった。ライプツィヒには大幅な対空火器強化が計画されていたが、実現しなかった模様である。

第二次大戦前と大戦中の行動
Service

1932年から1933年にかけてライプツィヒはバルト海で広範囲にわたる訓練を重ね、同時に数回の外国親善訪問航海も行った。1934年7月にはポーツマスを親善訪問した。その年の末、同艦は主要な改造を受けるためにキール軍港に入り、1935年の春にはケルン、ドイッチュラント、シュレージェンと共に大規模な艦隊演習に参加した。その年の8月の艦隊演習に参加した時には、ライプツィヒはヒットラー首相の訪問を受けた。1936年の春には、ライプツィヒはニュルンベルク、ケルンと共に演習を行い、その後に外国訪問航海を数回実施した。その年の8月には内戦が始まったスペインの周辺の海域に他の艦と共に派遣され、途中で2回の本国帰還を挟んで1937年6月まで、この海域でパトロール任務を重ねた。帰還後のライプツィヒは年内いっぱい、バルト海での訓練活動に当たった。

1938年は8月の半ばまでバルト海での訓練と演習、その合間のドック入りが続き、その後は観艦式や他の艦の進水式などへの参加があり、12月の中旬から翌年3月半ばまではキールで改造工事を受けた。

工事完了直後の1939年3月22日〜26日には、メーメルをドイツに編入するための作戦行動に参加した。4月の半ばにはドイッチュラント、グナイゼナウ、強力な駆逐艦とUボートの部隊と共に東部大西洋に出動し、1カ月に及ぶ最大規模の演習を展開して、スペインの港を訪問した後、5月中旬に母港に帰還した。その後、第二次大戦勃発までの3カ月余りは、軽巡同士、時には戦艦と共に大規模な演習を重ねた。9月1日のポーランド進攻開始の1週間前、ライプツィヒはポーランド海軍の艦がバルト海から脱出するのを阻止するために、他の艦と共に封鎖線を敷いたが、この試みは不成功に終わった。

この作戦行動の後、ライプツィヒは北海に移動し、他の軽巡洋艦と共に大量の機雷を敷設する作業に当たり、9月の末にその任務が終わると、バルト海での広範囲な訓練にもどった。

11月の下旬になって、ライプツィヒは次の作戦行動に出撃した。北海での戦闘パトロールの任務につくグナイゼナウとシャルンホルストを、ライプツィヒは僚艦ケルン、駆逐艦3隻と共にスカゲラク海峡の西端まで護衛したのである。戦艦2隻と分かれた後、これらの5隻はその水域に留まって戦時禁輸品密輸船を取り締まるパトロールに当たり、4日後に任務を終わって北海から帰還した戦艦2隻を護衛してキールに帰った。

その年の末近くまでライプツィヒはニュルンベルク、ケルンと共に北海での機雷敷設任務から帰還してくる駆逐艦部隊がヘルゴラント湾を横断する時の護衛に何度も当たっていた。この行動はそれまで無事に続いていたが、幸運は12月13日で終わった。この日、5隻の駆逐艦との会合地点に近づいている軽巡3隻を発見した英軍の潜水艦サーモンが、遠距離から魚雷を扇状に発射し、

これはライプツィヒの"ブルーノ"砲塔の背後の位置から、艦首の方向を撮影した写真である。画面左側には8.8cm高角砲連装砲塔が写っている。1934年後半にこの砲塔が装備されるまでには、この位置に8.8cm単装高角砲2門が装備されていた。砲塔の前に立っている乗組員は真冬の防寒衣を着込んでいる。

ライプツィヒの艦載機、ハインケルHe60水上偵察機。煙突のすぐ前、カタパルト後端の発射台架の上に繋止されている。塗装は戦前の標準的な薄いグレーである。この艦の艦載機は後に高性能の単葉機、アラドAr196に変えられた。

　そのうちの1基が1125時にライプツィヒに命中した。その直前、軽巡の掩護に当たるHe115双発水上機2機が上空に到着し、魚雷の航跡を発見して軽巡に対し警告の発光信号"U...U...U"（UはUボートの意）を発信した。しかし、皮肉なことに、その日の敵味方識別コードが"U"だったため、ライプツィヒはこの発光信号を単なる識別信号と理解して、魚雷回避の行動は取らなかった。魚雷が命中したのは艦の中部の吃水線のすぐ下、艦内部では2つのボイラー室の間の隔壁の位置である。魚雷の爆発によってライプツィヒの竜骨は損傷を受け、装甲甲板には歪みが生じた。隔壁は破壊され、周辺の蒸気パイプと燃料パイプはすべて折れたり破裂したりした。3つのボイラー室のうちの2つは海水が溢れ、左側のタービンは作動停止に陥った。損害を受けなかったボイラー室も、刺激性の煙が充満し、浸水もあって同様に酷い状態になった。大損害を受けたこの艦の艦内には1,700トン以上の海水が流れ込んだ。武装と通信装備の消火装置は電力停止のために作動しなくなった。

　ライプツィヒの左側、1,200mの距離にいたニュルンベルクは回避運動に入ったが、右舷の艦首近くに魚雷を受け、それでも高速航走を続けた。一方、ライプツィヒの速度は急速に低下したので、僚艦の姿はすぐに視野の外に消えた。救援要請の緊急電報が発信され、1315時に上空掩護編隊が現れ、それから間もなくニュルンベルクとケルンも近くにもどってきた。ライプツィヒは主シャフト2本とタービンの連結を解除し、ディーゼル駆動の中心線シャフトのスクリューによって再び航走できるようになった。

　英軍の潜水艦は巡洋艦1隻を撃沈するよりも、2隻に損害をあたえる方がよいと判断したのかもしれない。魚雷を受けた2隻のドイツ巡洋艦は危険な状態に置かれている。そして、彼らが再び航行できるようになるまでには時間がかかり、護衛の艦艇もついていないので、英軍の潜水艦はその間に魚雷を再装塡して、2隻を撃沈するための攻撃位置につくことができると考えたものと思われる。

　1340時、駆逐艦3隻がその場に到着した。北海での任務から帰途につき、このあたりでライプツィヒなど軽巡3隻と会合することになっていた駆逐艦5隻のうちの3隻であり、救援電報を傍受して駆けつけたのである。この3隻は損傷した軽巡2隻の護衛の位置につき、グループはブルンスヴュッテル（キール運河の西端の港）に向かった。その翌朝早く、数隻の艦艇が護衛に加わり、ここでケルンはこのグループから分かれてヴィルヘルムスハーフェンに向かうように指示された。しかし、ライプツィヒのグループはまだ不運につきまとわれていた。1235時、グループがエルベ河の河口まで48kmほどの地点にき

た時、ライプツィヒの右側、斜め前方の位置についていた護衛艇F9に魚雷が命中した。ヘルゴラント島に近いこの水域まで侵入していた潜水艦ウルスラが発射した魚雷だった。最初F9は機雷に接触したのかと見られたが、すぐにライプツィヒの見張員が自艦に向かってくる魚雷の航跡を発見した。幸いなことに、この2発目の魚雷はライプツィヒの艦首の先を通り抜けた。潜水艦が目標の速度を過大に判断したためである。この潜水艦は対潜攻撃を回避するために、ただちに高深度に潜行した可能性が高く、それ以上の魚雷発射はなかった。そして、ライプツィヒとニュルンベルクのグループは夕方の早い時刻にブルンスビュッテルに到着した。

　ライプツィヒはただちにキールに回航され、ドイッチェ・ヴェルフト社のドックに入って、修理が開始された。修理の途中、1940年2月の末に、この艦は現役艦籍から除外され、艦種が練習艦に変更された。魚雷の爆発によって破損したボイラー4基は取り外され、その跡のスペースは訓練を受けるために乗り組む士官候補生などの居住区画に改造された。1940年の末までに修理後の公式航行を完了し、現役艦籍に復帰したが、任務はまだ砲術・水雷学校所属の練習艦のままだった。もちろん、ボイラー4基が取り外されたため最高速度は低下し、竣工当時の性能を出すことはできなくなっていた。

　1941年の前半、ライプツィヒは数回の改造工事と練習艦任務とを交互に続けていたが、6月に入って作戦任務に当てられた。長距離通商破壊任務に出撃する重巡洋艦リュッツォウ（以前はポケット戦艦ドイッチュラント。艦種別と艦名が変更された）をオスロまで護衛する任務であり、駆逐艦5隻などと共に6月11日にキールから出撃した。

　その後、ライプツィヒはバルト海艦隊に配備され、そこでこの艦とエムデン、魚雷艇とEボート数隻による南方グループが新編された。このグループは9月の下旬、エストニアのエゼル島（サアレマア島）に陸軍部隊が敵前上陸する作戦の際に、ソ連軍の陣地に対して艦砲射撃を行った。この作戦の際にライプツィヒは、ソ連の潜水艦と魚雷艇の魚雷攻撃に狙われ、危うく回避する場面もあった。10月の始めにはキールに帰還し、1941年の末までアトミラール・シェーアと共に演習を重ねた。1942年にはライプツィヒは練習艦隊司令官の旗艦となり、年間を通じて訓練任務についた。

　1943年3月、ライプツィヒは再び現役艦籍から除外されたが、この状態は数カ月だけで終わった。東部戦線のドイツ軍がソ連軍の反攻作戦によって頽勢に立たされ、すべての艦艇を支援に当てることが必要になったためである。8月1日、ライプツィヒは現役に復帰したが、オーバーホール、修理、訓練、内筒が摩耗した砲身の換装、レーダーの装

右舷の側、斜め後方から見たライプツィヒ。"ツェーザル"砲塔のあたりの舷側にブーム（張り出し材）が取りつけられている。これは艦が波に押されて岸壁に接触するのを防ぎ、スクリューを保護するために、入港している間装着される。

ニュルンベルク。この艦はライプツィヒときわめてよく似ているが、はっきりとした相違点がいくつかある。最も目立つのは艦橋／前部上部構造物がライプツィヒよりはるかに大きいことと、カタパルトが煙突の後方に装備されていること（ライプツィヒは煙突の前方に装備）である。

備などに時間をかけねばならなかった。それに加えて、艦内で流行性髄膜炎が発生して乗組員2名が死亡したため、戦列復帰は一段と遅れた。1944年9月中旬になって、ようやく、バルト海でアドミラール・シェーアと共に船団護衛の演習を終わり、ゴーテンハーフェンとシュヴィーネミュンデの間の兵員輸送船団護衛の任務についた。

1944年10月14日、ライプツィヒはゴーテンハーフェンに碇泊しており、機雷を搭載するためにシュヴィーネミュンデへゆくように命令を受けていた。1745時に泊地を離れ、中心線のディーゼルエンジンによって低速で航行していった。ライプツィヒは重巡プリンツ・オイゲンがゴーテンハーフェンに入港してくるという通報電報を受信していたが、不運なことに、艦内の連絡が悪く、この電報のコピーが副長に渡されただけで、その先、当直将校と航海長にはその情報が伝えられていなかった。艦が港外、ヘラ岬の沖まできた1940時頃、ボイラーの蒸気が十分に上がり、タービンによる艦尾左右の主スクリューシャフト駆動に移るために、ディーゼルと中心線シャフトの連結を外した。艦橋では当直将校、航海長、艦長の間で、岬の灯台の沖にあるブイの左右、2つの水路のうちどちらを航行するべきか意見の食い違いが起きていた。この時、霧が拡がった暗がりの中からプリンツ・オイゲンが急に現れ（この艦は規定通りの水路を20ノット（37km/h）の速度で航行していた）、2001時にライプツィヒの左舷、前檣楼と煙突の間の位置に斜め前から激突した。重巡の艦首は軽巡の中心線近くまで食い込み、ライプツィヒでは死傷者39名が発生した。16日の午後までかかって、2隻はやっと引き離され、ライプツィヒは注意深く曳航されてゴーテンハーフェンに帰り、浮きドックに入れられた。この艦の損傷は酷い状態であり、十分な修理を施すことは不可能と判断され、浮き続けることと、限られた範囲で航行することができる状態にまで修理された後、12月30日にドックから出された。

1945年3月、ソ連軍がゴーテンハーフェンに接近してくると、ライプツィヒは15cm砲の砲撃によって戦闘後退を続ける地上部隊の支援に当たった。この軍港の陥落の直前、15cm砲弾を撃ち尽くしたライプツィヒはヘラにゆき、避難民と負傷兵500名を収容し、商船6隻と船団を組んでバルト海を西に向かって航行した。途中、ソ連の潜水艦と攻撃機に狙われ続けたが、霧の多い天候にも助けられて、3月29日にデンマークのアペンラーデに到着することができた。

ライプツィヒは大戦終結後も乗組員と共にこの港に碇泊し、6月30日に英軍艦艇の護衛を受けて出港し、ヴィルヘルムスハーフェンに帰還した。その後、この港で戦後の機雷処理任務についている掃海艇部隊の宿泊施設として使用されていたが、1946年7月にスカゲラク海峡へ曳航されてゆき、自沈処分されて生涯を終わった。

大戦前に撮影されたニュルンベルクの整ったスタイル。前部と後部の魚雷発射管の位置のあたりに、2本の舷側タラップが降ろされている。港のすぐ外側に碇泊している状態だと思われる。艦首のあたりには右舷の錨鎖が降ろされているのが、わずかにだが見える。

KREUZER NÜRNBERG

軽巡洋艦ニュルンベルク

■ニュルンベルクの要目

全長　　　181m
全幅　　　16.4m
吃水　　　5.8m
最大排水量　　9,040トン
最大速度　（タービン）32ノット（59.3km/h）
　　　　　（ディーゼル）16.5ノット（30.6km/h）
航続距離　3,780浬（7,000km）
主砲　　　15cm砲9門（三連装砲塔3基）
副砲　　　10.5cm砲8門（連装砲塔4基）
高角砲　　3.7cm機関砲12門（連装砲塔6基）、2cm機関砲8門（単装砲架8基）
魚雷　　　53.3cm魚雷発射管12基（三連装装架4基）

大型の軍艦が岸壁に横付けすると、好奇心の強い市民たちが大勢集まるのはどこの国でも同じである。ニュルンベルクが碇泊しているこの岸壁にも多数の見物人が集まり、艦を見上げている。

艦載機　　ハインケルHe60水上偵察機2機
乗組員　　士官26名、下士官兵870名

艦長
フーベルト・シュムント大佐　1935年11月〜1936年10月
テオドール=ハインリヒ・リーデル大佐　1936年10月〜1937年10月
ヴァルター・クラステル大佐　1937年10月〜1938年11月
ハインツ・デーゲンハルト大佐　1938年11月〜1938年12月
オットー・クリューバー大佐　1938年12月〜1940年8月
レオ・クライシュ大佐　1940年8月〜1941年3月
エルンスト・フォン=シュトゥートニッツ大佐　1941年3月〜1943年6月
　現役除籍　1943年2月
　再就役　1943年5月
ゲーアハルト・ベーミッヒ大佐　1943年6月〜1944年10月
ヘルムート・ガイスラー大佐　1944年10月〜1945年5月

全般的な建造のデータ
General construction data

　ニュルンベルクは1933年11月、キールのドイッチェ・ヴェルフト社造船所で起工され、1年をわずかに超える工期の後、1934年12月に進水した。その後、1年たらずのうちに竣工し、1935年11月に就役した。

改造
Modifications

　この艦の竣工は1935年だったので、それ以前の軽巡に加えられた改造は、建造の過程で組み込まれた。ニュルンベルクの最初の主要な改造は1941年3月に行われ、前部指揮センターの上面の6m測距儀が装備されていた位置にFuMO 21レーダーが装備された。1942年にはカタパルトが撤去され、レーダーが新型のFuMO 25に換装され、その装備位置が柱状の前檣楼の半ばの台架の上に変えられた。そして、FuMO 21が装備されていた位置には、前部6m測距儀が再び装備された。1944年にはFuMO 63レーダーがメインマストの頂部に装備された。

　ニュルンベルクは軽巡の中でただ1隻、改造によって対空火器装備が目立って強化された艦だった。大戦中期に四連装2cm高角機関砲が"ブルーノ"砲塔の上面と航海艦橋の上面に各1基装備され、単装2cm高角機関砲の装備数も増大された。航海艦橋上面の四連装2cm機関砲はもっと強力

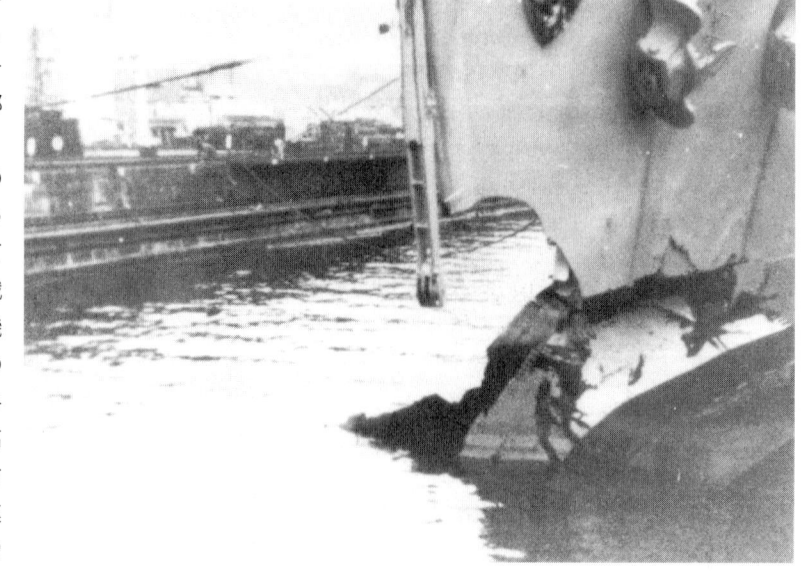

ニュルンベルクは1939年12月13日、ヘルゴラント湾の西方で艦首に魚雷を受けた。幸い内側の隔壁に損傷がなく、無事に母港に帰還することができた。これは被害の状況を示す写真である。大戦勃発後、艦の紋章の類はすべて取り外されたのだが、ニュルンベルクの艦首にはこの時点でまだ残されていた（画面右上の隅の錨の左側に紋章の下端がわずかに写っている）。

キール運河航行中のニュルンベルク。おもしろそうなものは何でも撮ろうとする写真好きが、家か船の窓から撮影した珍しい写真である。奇怪ではあるか、効果的な"バルト海"パターンの迷彩が、はっきりと写っている。

な単装4cm高角機関砲Flak 28に換装され、撤去されたカタパルトの基台だった塔状構造物の頂部にもFlak 28が装備され、その周辺に連装2cm高角機関砲5基と多数の単装2cm砲が追加装備された。

レーダー
Radar

　ニュルンベルクは1941年に初めてレーダー装置が装備された。型はFuMO 21であり、前部指揮センターの上面の前部6m測距儀を取り外して、その位置に装備された。このレーダーは1944年に取り外され、その位置には四連装2cm高角機関砲が装備された。そして、それに替わる新型のレーダー、FuMO 24/25とFuMB 6がライプツィヒと同じレイアウト——前者は塔状前檣楼中部に設けられたプラットフォームに、後者はそれより一段上のプラットフォームに——で装備された。それと共に、FuMO 63がメインマストの頂部に装備された。

第二次大戦前と大戦中の行動
Service

　ニュルンベルクは就役後、最初の数カ月、バルト海で訓練を重ねた。1936年4月には、この艦はケルン、ライプツィヒと共に大西洋上で訓練を行い、その後、この3隻の編成のままバルト海にもどって訓練を重ねた。1936年の夏にスペイン内戦が始まると、ニュルンベルクはスペイン周辺の水域でパトロール任務につくために派遣され、パトロールに4回出撃したが、特に目立った事件に巻き込まれることもなく、無事に本国に帰還した。

　1937年9月にニュルンベルクは、ポケット戦艦ドイッチュラントとアドミラール・グラーフ・シュペー、軽巡カールスルーエとライプツィヒ、多数の駆逐艦や小型艇と並んで大西洋とバルト海での大規模な演習に参加し、その後に整備のためにドックに入った。1938年1月に洋上任務に復帰し、3カ月にわたってバルト海で訓練を重ねた後、再び整備に入った。6月と7月には短い訓練航海でノルウェーまでゆき、その後はバルト海に移動し、他の艦艇と協同して集中的な訓練を実施した。1939年3月下旬には、ドイツがメーメルの返還を要求した時の海軍の作戦行動にニュルンベルクも参加した。

　第二次大戦勃発の直前には、ニュルンベルクはバルト海西部に展開した封鎖作戦に参加した。ポーランド海軍の艦艇が英国に脱出するのを阻止するための作戦だったが、あまり成功せず、数隻の駆逐艦と潜水艦が脱出に成功した。それに続いてニュルンベルクは他の軽巡と同様に、北海に面したドイツ周辺水域防御のための機雷敷設作業に当たり、それが一段落するとバルト海にもどってライプツィヒと共に再び訓練に励んだ。11月と12月、ニュルンベルクは他の軽巡と共に護衛任務に当たられた。この時期、英国周辺の水域に駆逐艦戦隊によって機雷を敷設する攻撃的作戦が実施され、この作戦行動から帰還してくる駆逐艦がヘルゴラント湾を横断する時の護衛に当たる任務である。

　1939年12月12日、ニュルンベルク、ライプツィヒ、ケルンの軽巡3隻が、帰還してくる駆逐艦5隻との会合地点に近づいていた時に、英軍の潜水艦サーモンの攻撃を受け、

ライプツィヒとニュルンベルクに魚雷が命中した。ニュルンベルクは1130時頃、艦首先端の吃水線の下の部分に魚雷を受けた。潜水艦は浮上している姿を発見され、それを狙ってニュルンベルクが砲撃を始めると、すぐに潜航に移って海面から消えた。この艦の損害はあまり重大ではなく、艦前部の水密隔壁には異常がないと間もなく確認された。1時間足らずのうちに再び敵の攻撃があった。この時はハンプデン軽爆3機による攻撃だったが、敵機の投弾はいずれも目標から外れ、ニュルンベルクももちろん、損害はなかった。

　軽巡3隻が護衛に当たるように命じられていた駆逐艦5隻のうちの3隻が、魚雷攻撃から約2時間後にこの地点に到着した。ニュルンベルクは被害が重大ではないので、部隊から離れ、護衛の駆逐艦1隻と共に基地に向かうように命じられ、その日の日没頃には沿岸水域に到着した。母港では修理のためにただちにドックに入り、その後に改造も受け、実戦部隊への復帰は1940年6月の初めになった。

　戦闘行動可能になったニュルンベルクは、ドイツ軍が4月に占領したばかりのノルウェーに派遣され、トロンヘイムを基地として兵員輸送船団護衛の任務についた。7月下旬には水雷艇4隻を率いて、魚雷による損傷を受けた戦艦グナイゼナウをトロンヘイムからキールまで護衛した。この時期、ニュルンベルクは重巡プリンツ・オイゲン、アドミラール・ヒッパー、リュッツォウ、ドイッチュラント、軽巡エムデン、ケルンと並んで強力な巡洋艦戦隊（8月1日に偵察戦隊が改称された）に所属し、その旗艦だった。8月以降は作戦行動はなく、他の艦艇と共に"あしか"作戦——計画されていた英本土上陸作戦——に参加する兵力として待機状態に置かれた。しかし、この作戦計画は実現することなく終わり、ニュルンベルクは他の軽巡3隻と共に、海軍最高司令部から"2月7日以降、作戦行動任務なし"と指示され、練習艦籍に編入された。

　1941年6月、ドイツ軍のソ連進攻作戦が始まると、この状態は終わった。ニュルンベルクはただちに現役艦に復帰し、バルト海艦隊に編入された。9月下旬にはアドミラール・シェーアなどと共にフィンランド湾封鎖の任務についた。ソ連艦艇は中立国スウェーデンで抑留されようとしてクロンシュタット軍港から脱出する可能性があり、それを阻止するための配備だった。しかし、ニュルンベルクは10月に入ると再び練習艦にもどり、1年以上もその任務が続いた。1942年11月の末に作戦任務に復帰し、本国に帰還してオーバーホールを受けるアドミラール・シェーアと交替するために、ノルウェーに派遣された。12月2日にナルヴィクに到着し、その後、いくつかの泊地の間を移動したが、作戦出撃はまったくなかった。1942年初めには、大型艦の大部分を退役させる施策の対象とされ、再び練習艦に格下げされた。

　1944年の秋、全戦線でドイツ軍の頽勢が明白になった頃、生き残っていた他の軽巡2隻と同様に、ニュルンベルクは戦列に復帰した。まず船団護衛の任務につき、翌年1月の初めからはノルウェー南端の沖合での機雷敷設作業に当たった。1月半ばには避難民輸送の船団の護衛に当たった後、27日にコペンハーゲンに入港し、その後は燃料がないために大戦終結まで港内に留まった。5月5日、ニュルンベルクの最後の戦闘が起きた。デンマークのレジスタンス部隊がこの艦を鹵獲しようと試みたため、艦上と周囲の間で激しい銃火が交わされ、双方に死傷者が発生した。翌日には英軍の艦艇が入港して事態は収まった。ニュルンベルクの乗組員はそのまま艦に残り、5月24日に英軍艦艇の護衛の下に出港し、2日後にヴィルヘルムスハーフェンに入港した。翌年1月2日、港内でソ連軍に引き渡され、ドイツ人の乗組員の手で運航されてキール経由でリバウに向かった。この艦はソ連海軍によってアドミラル・マカロフ（日露戦争中、旅順港外で戦死した太平洋艦隊司令長官）という新しい艦名をあたえられ、1960年まで練習艦として就役した後、退役して解体された。ドイツ海軍の大型艦の中で最も長く生き残った艦となった。

CONCLUSION

結論

　ドイツ海軍の主要な艦種の中で、軽巡洋艦は最も成績がよくないだろう。第二次大戦以前、主な用途は士官候補生を乗せた国際親善訪問航海だけだった時期にも、軽巡は航洋性の上で重大な問題が発生している。これらの艦は世界の主要な大洋で使用するには脆弱であり過ぎたのである。実戦での活動を見ても、成績は印象的というには程遠い。
　エムデンは小規模な沿岸砲撃と機雷敷設任務に参加したのを除いては、大半の期間は練習艦の任務についていた。
　ケーニヒスベルクは1940年に爆撃によって撃沈された。
　カールスルーエは1940年に敵潜水艦の魚雷によって大破した後、味方の魚雷によって撃沈処分された。
　ケルンは沿岸砲撃、機雷敷設、訓練の任務に当たり、1945年3月末に爆撃を受けて港内で着底した。
　ライプツィヒは1939年に魚雷によって損傷し、修理後に沿岸砲撃、訓練、機雷敷設任務に従事した。1944年10月、プリンツ・オイゲンに衝突されて大破し、修理後も行動能力を限られた状態だったが、大戦最終期に沿岸砲撃任務に当たった。
　ニュルンベルクも1939年12月に魚雷によって損傷を受け、修理後は護衛、機雷敷設、訓練の任務に当たった。大戦終結まで無事であり、戦後、ソ連に引き渡された。
　軽巡の作戦行動の中で最も効果が高かったのは、1945年、ライプツィヒのバルト海における沿岸砲撃ではないだろうか。敵の前進を妨害する効果は、後退を続ける味方地上部隊にとって大きな掩護となった。

■参考文献 BIBLIOGRAPHY

Breyer, Siegfried, and Koop, Gerhard, *The German Navy at War 1939-45*, *Vol.1, The Battleships*, Schffer Publishing, West Chester, 1989
Gröner, Erich, *Die deutschen Kriegsschiffe 1815-1945*, J.F. Lehmanns, Munich, 1968
Harnack, Wolfgang, and Sonntag, Dietrich, *Kreuzer Nürnberg*, Verlag E.S. Mittler & Sohn GmbH, Hamburg, 1998
Koop, Gerhard, and Schmolke, Kraus-Peter, *German Light Cruisers of World War II*, Greenhill Books, London, 2002
Mallmann-Showell, Jak P., *Kriegsmarine Handbook*, Sutton Publishing, Stroud, 1999
Whitley, M.J., *German Cruisers in World War Two*, Arms and Armour Press, London, 1985

カラー・イラスト解説 color plate commentary

A：エムデン

1）1942年頃と思われる大戦中のエムデンの状態が示されている。初期と比べて前檣楼の数段のプラットフォームに取りつけられた装備が変化しており、後部上構の上のデッキハウスが大きくなっている。後部煙突は前部煙突と同じ高さに高められ、その後縁にはポールマストが新たに設けられ、メインマストの高さは低くされている。この艦の外観には4年にわたった戦時の影響が現れ、だいぶくたびれた感じになっている。

2）竣工直後、エムデンの前檣楼頂部のチューリップ型の射撃指揮所はあまりにも窮屈だということが明らかになった。このため、最初の改造で前檣楼が7m短縮された時、拡大された箱型の射撃指揮所が新たに頂部に設けられた。

3）エムデンはメインマストも新たな設計に変更され、1933〜34年の改造の際に大幅に短縮されて、2段の探

改造工事のために乾ドックに入ったケーニヒスベルク。大戦中の写真である。迷彩パターンの塗装が舷側から上部構造物、砲塔にも拡がっている。

ニュルンベルクの艦中央部のクローズアップ。大戦勃発後の写真であり、ハインケルHe60水上偵察機は、新たなダークグリーンの塗装に変わっている。これらの艦載機の乗員は海軍の所属ではなく、空軍の軍人だった。

雪が積もったノルウェーの高い山並みが背景になると、ニュルンベルクに施された破断パターンの迷彩の効果がよくわかる。これはこの艦に塗装された数種の迷彩パターンのひとつである。

大戦後、ソ連海軍に引き渡され、アドミラル・マカロフになった後のニュルンベルクの姿。エジプトのナセル大統領の訪問を祝って旗が飾られ、高角砲は礼砲を発射している。

1935年の改造後のケーニヒスベルク。2本の煙突の間にはカタパルトが装備され、左舷、後部煙突の横には、それ以前の細いデリックに替わって、艦載機揚収用の鉄骨組みクレーンが装備されている。

照灯プラットフォームを取りつけるだけのためのポールになった。その後、その前縁沿いに別のポールマストが追加された。

4) 大戦勃発以前のエムデンは、他の艦と同様に艦の紋章を艦首につけていたが、位置は艦首の左右の舷側であり、正面には鉄十字章を取りつけていた。これは第一次大戦で、オーストラリア海軍の巡洋艦シドニーとの砲戦によって沈没した先代エムデンを記念する印だった。

B：ケーニヒスベルク

このイラストには、"ヴェザーユーブング"作戦――ノルウェー侵攻作戦――の際の軽巡ケーニヒスベルクの戦いが描かれている。1940年4月10日の0800時頃、この艦がベルゲン港の岸壁に繋留されている時に、港は英国海軍のスキュア急降下爆撃機15機の攻撃を受けた。ドイツの艦艇は不意を衝かれたが、ケーニヒスベルクは全力を挙げて対空砲火を撃ち上げた。大戦の中期頃にはドイツ軽巡の対空火器は増強されたが、この時のケーニヒスベルクの装備は8.8cm砲連装砲塔3基、3.7cm連装機関砲4基、2cm単装機関砲8基に過ぎなかった。右舷を岸壁に向けて繋留されていたこの艦は、右舷の対空火器を敵機に向けることができなかったと思われる。急降下してくるスキュアは各機45kg爆弾1発を搭載していた。最初に1発が岸壁と舷側の間に落下して爆発した。次の1発は甲板から艦底を貫通して水中で爆発し、このため吃水線の下の部分に破口が生じた。続いて3発が命中し、艦尾のあたりの数発の至近弾によって外板に裂け目ができた。艦の中部で激しい火災が拡がり、艦は左へ傾斜していった。ケーニヒスベルクの損傷は致命的なものだったが、幸いなことに沈下の速度は比較的緩なものだったが、乗組員は弾薬のかなりの部分と重要な装備を陸上に移した上で、艦から退去する時間があった。1051時、艦は横転して沈没した。死傷者は41名であり、乗組員総数600名以上に対して驚くほど低い比率だった。ケーニヒスベルクは1941年に浮揚され、港外の地点に曳航されていき、数年間をかけてスクラップにされた。

C：ライプツィヒ

1・2) この側面図と平面図はライプツィヒが竣工した時の外観を示している。"K"クラスは2本煙突であり、この艦は太い1本煙突なので、両者は一目で識別できる。この時期のライプツィヒはカタパルトなど艦載機搭載のための装備はなく、レーダー装置の装備もない。"ブルーノ"砲塔の背後、つまり艦首寄りには8.8cm単装高角砲2基が装備されている。塗装はこの時期の標準、全体にわたって薄いグレーである。

3) ライプツィヒは1935年、煙突の前にカタパルトを装備し、He60水上偵察機、1機を搭載するようになった。イラストはそのすぐ後の時期の、煙突周囲の見取り図である。煙突の横に立っているクレーンの支柱には2段の探照灯プラットフォームが取りつけられている。ここに描かれているカタパルトは、1941年、この艦が練習艦任務に移された後に撤去された。

4) 大戦後半期のライプツィヒの艦橋から煙突にわたる部分の見取り図である。塔状前檣楼の半ばの位置に装着されていた探照灯プラットフォームが撤去され、ほぼ同じ位置にFuMO 25を装備したプラットフォームが設置されている。間もなく、その一段上に小さめのプラッ

トフォームが設置され、そこにFuMBレーダーが装備された。

D：ニュルンベルクの解剖図

この解剖図に描かれているのは、従来の型からほとんど変わっていなかった艦の基本的なレイアウトである。艦の内部の大部分——前檣楼の下に当たる部分から艦尾にいたるまで——は、いくつかの種類の機関室区画で占められていた。煙突の下に当たる部分には、左右に2基ずつが配置されているボイラー室3区画が前後に並んでいた。その後方の区画の左側の部分は8.8cm高角砲の弾薬庫、右側は倉庫である。それに続いて、左舷のシャフトを駆動するタービンが装備された前部タービン室があり、その後方には左右2つの伝動装置室を間に挟んで右舷シャフトを駆動するタービンが装備された後部タービン室がある。その後方に進むとディーゼルエンジン室があり、ここには中心線シャフトを駆動する大型のMANディーゼル4基が装備されている。

ボイラー室の前方にはポンプ室と無線通信室、その先には前部発電機のスペースがあった。その上には別の8.8cm高角砲弾薬庫と指揮センターがあった。その前方、"アントーン"砲塔の下に当たる区画は、15cm砲弾と魚雷弾頭の弾薬庫になっており、冷蔵倉庫もこの区画にあった。その先の区画は燃料油タンクに当てられ、その前方の艦首の内側の区画は工作作業所になっていた。

エンジン室の一段上の甲板、艦の前部には艦の営繕用具、資材と衣服の倉庫があった。その前方は下士官兵の居住区と下士官の食堂があった。そして、その前方、この甲板は艦全体にわたって下士官兵の居住区であり、前檣楼の下に当たる部分には下士官兵の調理場があった。この甲板を艦尾に向かって進むと、煙突のすぐ下の区画に下士官兵の浴室／シャワー室と補助ボイラー室があった。

煙突の後方にあるカタパルトの回転台架だった構造物（この時にはカタパルトは撤去されており、頂部に4cm高角機関砲が装備されている）の下に当たる区画には士官用調理室が置かれていた。この台架の後方、後部上部構造物は士官居住区と提督居住区に当てられ、その最後部の区画は先任士官と先任下士官の居室になっていた。

後部上構の上面、数区画のデッキハウスはコックの居住区と事務室や居住区に当てられていた。煙突のすぐ前には洗濯場があり、前部上構と艦橋自体の内部には上級士官の居住区も設けられていた。

艦に装備されている内火艇は前方の部分の両舷各々2段の架台に乗せられ、海面への吊り下げ・揚収用のクレーンは艦橋構造物の後部に取りつけられている。短艇はこれのすぐ前の位置のダヴィットに懸架されていた。

ニュルンベルクは1941年初めに、前部指揮センター上面の6m測距儀を撤去し、その跡にFuMO 21レーダーが装備された。1942年にこれは撤去され、その場所に四連装2cm高角機関砲、その後には4cm連装高角機関砲が装備された。レーダーは新型のFuMO 24/25に換装され、装備位置は前檣楼中部のプラットフォームに移された。このイラストは1944年の改造後の状態を示している。

ニュルンベルクはドイツ海軍が建造した最後の軽巡であり、装甲板には最新技術のクルップPz240ニッケル鋼を使い、防御力は軽巡の中で最も強化されていた。

E：ケーニヒスベルク

1）このイラストは1939〜40年の改造後の軽巡ケーニヒスベルクを示しており、1935年の改造によって2本の煙突の間にカタパルトが装備されている。左舷の側のデリックは艦載機揚収用のクレーンに換装され、後部煙突後縁のポールマストは高くされている。2本の煙突はいずれも、頂部に斜め後方に切れ下がっている小さいキャップが加えられ、後部煙突の両脇のクレーンのポールには、探照灯プラットフォームが装着された。塔状の前檣楼は目立った改造を受けて高さが低くなり、艦首の主錨の固定装置が舷側上部の錨鎖孔から上甲板の縁の錨留め切り欠きに改造された。

2）ケーニヒスベルクの2本の煙突の間に装備された水上機カタパルト。

3）カタパルトを装備した軽巡の標準的な艦載機はハインケルHe60だった。米国製のヴォートV85も含まれる数種の型の水上機がテストされた後に、この型が選ばれた。

4）このイラストは"K"クラス軽巡の右舷の前部魚雷発射管の装備状態を示している。各艦、左舷と右舷の前部と後部に、これを4セット装備していた。各セットは50.3cm魚雷用の発射管三連装だった。

F：エムデン

エムデンは第一次大戦終結後にドイツ海軍が初めて建造した軽巡洋艦である。第二次大戦勃発以前に士官候補生を乗せた遠洋航海を全部で9回も重ね、そのうちの数回は世界一周航海だった。このような"外国訪問"航海は大きな成功を収め、ドイツとドイツ海軍の国際的なイメージを高める効果をあげた。その後にUボート部隊司令官と海軍最高司令官に昇進したカール・デーニッツ（最終階級は元帥）も含めて、大戦中のドイツ海軍のリーダーとなった多くの人もの提督たちが、戦前の興隆期にこの小型軽巡の艦長職についた。その後に建造された巡洋艦を基準にすると、特に強力な艦とは言えないが、見事

なスタイルの艦だった。エムデンは艦首両舷の自艦紋章に加えて、艦首正面に大きな鉄十字を飾っていた。これは1914年11月にインド洋ココス諸島でオーストラリアの巡洋艦と戦い、沈没した先代エムデンを記念するためである。

　このイラストは1929年頃、エムデンがどこかの港の岸壁に繋留されている場面である。エムデンは他の大型艦と比べると小さく見えるが、この場面のように岸壁に停っている自動車や人物と対比すると、艦のサイズの実際の印象がはっきり理解できる。エムデンは8回の親善訪問遠洋航海を重ねた後、1938年には米国訪問が計画されたが、オーストリア併合などを強行したドイツの国際的な立場が悪化したため、この計画は中止された。その結果、エムデンの9回目の親善訪問航海の行き先はブルガリアとトルコにされたが、これはドイツ海軍にとって第二次大戦勃発前の平和な目的のための、最後の遠洋航海となった。

G：大戦中のカムフラージュ

1）1941年の春から夏頃のエムデン。バルト海方面に配備された艦艇に塗装されたカムフラージュのパターンである。艦体と上部構造物の全体にわたって中程度の濃さのグレーに塗装され、その上に斜めに走る幅広の黒と白のバンドが間隔をおいて塗装されている。艦首と艦尾の先端部分は黒で塗装され、艦首のこの部分の後方、水線のあたりには偽の艦首波が白で描かれているが、これは実際より全長が短い艦だという印象をあたえるためである。この迷彩パターンはこの時期の多数の中型艦と大型艦（ビスマルクも含めて）に塗装された。

2）このイラストはエムデンが1942年にバルト海で行動していた時の迷彩パターンを示している。それまで全体にわたって塗装されていた中程度の濃さのグレーは、濃いグレーに塗りつぶされ、艦首と艦尾の小さい部分だけが以前のグレーのままで残されている。このパターンは艦の全長を短く見せる効果を意図したものであり、艦首の濃いグレーの部分の先端が鋭い角度で斜めに切れ上がっているのは、この艦が駆逐艦だという印象をあたえて敵を混乱させることを狙っている。

3）この図には1943年のケルンのカムフラージュパターンが描かれている。吃水線より上の全体の薄いグレー塗装に、トーンが2段の濃いグレーによる直線輪郭の破断型迷彩模様が加えられている。このパターンはこの時期の大型艦と中型艦に典型的なものだった。

4）ここに描かれたニュルンベルクの迷彩塗装は通常より工夫がこらされている。全体的な薄いグレーの塗装に、トーンが2段の濃いグレーの破断模様が加えられている点は上段のケルンと同じだが、艦首の濃いグレーの部分に白で偽の艦首波が描かれている。これはこの艦が1943年にノルウェーで作戦行動中の姿である。

キール運河は軍艦を撮影するために絶好の場所だった。この写真はレーフェンザウアー・ホッホブリュへ橋の下を通過するニュルンベルクである。艦首には羽根を拡げたドイツ鷲をモチーフにしたこの艦の紋章がはっきりと見える。

このエムデンの見事な写真には、この艦の独特な主砲配置がはっきり捉えられている。前部と後部、中心線上の単装砲砲塔各2基は普通の配置方式だが、両舷各2基の装備位置は注意して見ていただきたい。上甲板、艦橋の位置の横——そのすぐ後方の舷側のくぼみには連装魚雷発射管が装備されている——に1基と、後部煙突の後方の甲板に1基が装備されている。

ケルンの後甲板に整列した乗組員。艦尾には大きなブロンズの鷲の紋章が写っている（これらの飾りの類は大戦勃発前に取り外された）。"K"クラスの艦の"ブルーノ"、"ツェーザル"両砲塔が、中心線の左右にずらした位置に装備されていることが、この写真にはっきりと現れている。

◎訳者紹介｜手島 尚（てしま たかし）

1934年沖縄県南大東島生まれ。1957年、慶應義塾大学経済学部卒業後、日本航空に入社。1994年に退職。1960年代から航空関係の記事を執筆し、翻訳も手がける。訳書に『ドイツ空軍戦記』『最後のドイツ空軍』『西部戦線の独空軍』（以上朝日ソノラマ刊）、『ボーイング747を創った男たち』（講談社刊）、『クリムゾンスカイ』（光人社刊）、『ユンカース Ju87 シュトゥーカ 1937-1941 急降下爆撃航空団の戦歴』『第2戦闘航空団リヒトホーフェン』（小社刊）などがある。

オスプレイ・ミリタリー・シリーズ
世界の軍艦イラストレイテッド　8

ドイツ海軍の軽巡洋艦
1939-1945

発行日	2007年4月26日　初版第1刷
著者	ゴードン・ウィリアムソン
訳者	手島 尚
発行者	小川光二
発行所	株式会社大日本絵画 〒101-0054　東京都千代田区神田錦町1丁目7番地 電話：03-3294-7861 http：//www.kaiga.co.jp
編集	株式会社アートボックス http：//www.modelkasten.com/
装幀・デザイン	八木八重子
印刷/製本	大日本印刷株式会社

©2003 Osprey Publishing Limited
Printed in Japan
ISBN978-4-499-22936-4 C0076

German Light Cruisers 1939-45
Gordon Williamson

First Published In Great Britain in 2003,
by Osprey Publishing Ltd, Elms Court,
Chapel Way, Botley Oxford, OX2 9LP.
All Rights Reserved.
Japanese language translation
©2007 Dainippon Kaiga Co., Ltd